航空飞行
大数据与智能分析

王凤芹 李瑛 颜廷龙 张燕红 高龙 周立军 张杰 著

清华大学出版社
北京

内 容 简 介

本书以航空飞行大数据的智能分析方法与应用为主要内容,分为两篇。第 1 篇为"理论与方法",包括第 1~4 章,阐述了航空飞行大数据的数据来源、数据特点、数据分析需求与数据应用;并结合航空飞行数据的特点,构建了航空飞行大数据智能分析框架与数据模型,探讨了智能分析涉及的关键技术和航空飞行大数据预处理技术,以及航空飞行大数据常用智能分析算法。第 2 篇为"应用与实践",包括第 5~12 章,介绍如何应用航空飞行大数据的理论与方法解决航空飞行领域的实际问题,具体包括航空飞行器的状态参数异常检测、基于飞行数据的飞行动作自动识别、基于飞行数据的飞行动作质量评价、航空飞行器飞行控制系统状态参数监控、航空飞行器关键飞行参数预测模型、航空飞行四维航迹预测和飞行安全风险融合评估 7 个方面的应用实践,最后给出航空飞行大数据智能分析系统的设计,为航空飞行器的智能化维修保障提供数据决策支持。

本书适合航空信息、计算机科学与技术、电子信息、信息管理、数据科学等专业的师生阅读,也可作为航空领域相关科技人员、大数据分析工程技术人员、数据分析人员的参考用书。

图书在版编目(CIP)数据

航空飞行大数据与智能分析 / 王凤芹等著. --北京:
清华大学出版社,2024.7. -- ISBN 978-7-302-66725-4

Ⅰ. V217

中国国家版本馆 CIP 数据核字第 2024W2B012 号

责任编辑:白立军
封面设计:刘　键
责任校对:韩天竹
责任印制:沈　露

出版发行:清华大学出版社
　　　　网　　　址:https://www.tup.com.cn,https://www.wqxuetang.com
　　　　地　　　址:北京清华大学学研大厦 A 座　　　　　　邮　　编:100084
　　　　社 总 机:010-83470000　　　　　　　　　　　　邮　　购:010-62786544
　　　　投稿与读者服务:010-62776969,c-service@tup.tsinghua.edu.cn
　　　　质量反馈:010-62772015,zhiliang@tup.tsinghua.edu.cn
　　　　课件下载:https://www.tup.com.cn,010-83470236
印 装 者:三河市铭诚印务有限公司
经　　销:全国新华书店
开　　本:185mm×230mm　　　　　**印　张:**9　　　　　**字　数:**203 千字
版　　次:2024 年 7 月第 1 版　　　　　　　　　　　**印　次:**2024 年 7 月第 1 次印刷
定　　价:59.00 元

产品编号:099533-01

随着网络与信息技术的飞速发展,人们已步入一个全新的大数据时代。如何有效利用大数据、提升数据效能已成为当前各业务领域关注的焦点。通过对业务相关大数据进行分析挖掘,利用数据分析结果驱动业务改进提升,能够提高决策的准确性,优化资源配置,降低安全风险,提高工作效率。数据分析思维与能力已成为人工智能时代每个人所必备的通用思维与能力,大数据技术将不断发展,数据管理模式也随之不断发展变化。

近年来,航空飞行器内的传感器越来越多,各系统之间的数据交互越来越复杂,借助各类信息系统收集数据,地面站获得的数据日益增多,已形成了航空飞行大数据。一方面,如何通过航空飞行大数据分析挖掘,准确感知航空飞行器的飞行状态,保障航空飞行器安全可靠飞行,已成为近年来航空飞行器健康管理领域的研究热点。另一方面,传统数据的使用方式已经逐渐不能应对海量的航空飞行数据,基于智能学习算法的航空大数据处理技术,将成为航空领域的重点研究内容,机器学习、深度学习等人工智能技术不依赖于系统内部的逻辑关系,可以更智能地发现航空数据的隐含规律,更大程度地实现航空数据的信息价值。

本书分为两篇,第 1 篇为"理论与方法",主要阐述了航空飞行大数据的数据来源、数据特点与数据应用领域,航空飞行大数据智能分析框架,航空飞行大数据预处理技术,以及经典的航空飞行大数据智能分析算法。第 2 篇为"应用与实践",主要介绍航空飞行大数据智能分析方法在典型航空业务领域的应用实践,通过问题建模、算法设计、实例验证,全方位展示了航空飞行大数据智能分析方法的应用,从监控航空飞行器状态参数到自动感知航空飞行器异常状态参数,从自动识别飞行动作到评价飞行质量,从预测飞行器状态参数的变化到预测航空飞行四维轨迹的变化,为航空飞行器的实时监控、飞行事故分析和健康管理提供决策支持,为提升航空飞行器安全飞行智能化保障能力提供方法与技术手段。

本书由王凤芹组织编写,是课题组多年来的研究成果。本书得到了徐廷学教授、朱兴动教授的一些指导和建议,还得到了牛双诚博士、寇昆湖博士、耿宝亮博士的大力支持与帮助,在此表示感谢！同时,本书的出版得到了清华大学出版社的支持与帮助,对编辑付出的辛勤工作表示感谢。本书还参阅了大量国内外文献资料,在此向这些作者表示衷心的感谢。

由于知识和经验有限,书中难免有不妥之处,恳请广大读者批评指正。

编　者

2024 年 4 月

CONTENTS **目录**

第1篇　理论与方法

第1章　航空飞行大数据概述 ·· 3

1.1　数据来源 ·· 3

1.2　数据特点 ·· 4

1.3　数据分析需求 ·· 5

1.4　数据应用 ·· 6

　　1.4.1　故障预测与健康管理 ·· 6

　　1.4.2　状态监测 ·· 7

1.5　本章小结 ·· 10

第2章　航空飞行大数据智能分析框架 ·· 11

2.1　引言 ·· 11

2.2　总体框架 ·· 11

　　2.2.1　飞行数据采集层 ·· 12

　　2.2.2　飞行数据处理层 ·· 12

　　2.2.3　飞行数据应用层 ·· 13

　　2.2.4　系统运维 ·· 13

　　2.2.5　标准规范 ·· 14

2.3　关键技术 ·· 14

　　2.3.1　飞行数据融合技术 ·· 14

　　2.3.2　飞行数据建模技术 ·· 17

　　2.3.3　状态智能监控技术 ·· 17

　　2.3.4　状态智能预测技术 ·· 17

2.4　航空飞行器状态数据模型 ·· 17

　　2.4.1　动力装置状态监控参数 ·· 18

　　2.4.2　飞行控制子系统状态监控参数 ·· 19

　　2.4.3　导航子系统状态监控参数 ·· 20

　　2.4.4　电气子系统状态监控参数 ·· 21

　2.5　本章小结 ·· 22

第3章　航空飞行大数据预处理技术 ·· 23

　3.1　引言 ·· 23

　3.2　飞行数据滤波 ··· 23

　　　3.2.1　基于斜率距离的支持度 ··· 24

　　　3.2.2　剔除异常支持度 ·· 26

　　　3.2.3　遗忘函数 ··· 26

　　　3.2.4　实验与结果分析 ·· 27

　3.3　飞行数据归一化处理 ·· 28

　3.4　本章小结 ·· 29

第4章　航空飞行大数据智能分析算法 ··· 30

　4.1　引言 ·· 30

　4.2　有监督学习算法 ·· 31

　　　4.2.1　线性回归 ··· 31

　　　4.2.2　逻辑回归 ··· 31

　　　4.2.3　决策树 ·· 31

　　　4.2.4　支持向量机 ··· 32

　　　4.2.5　K 最近邻 ·· 33

　4.3　无监督学习算法 ·· 33

　　　4.3.1　聚类算法 ··· 33

　　　4.3.2　Apriori 算法 ··· 34

　　　4.3.3　FP-Growth 算法 ··· 36

　4.4　本章小结 ·· 36

第 2 篇　应用与实践

第5章　航空飞行器的状态参数异常检测 ·· 39

　5.1　引言 ·· 39

　5.2　问题建模 ·· 41

　5.3　基于 LSTM-GAN 的异常检测模型 ··· 42

　　　5.3.1　模型总体结构 ·· 42

　　　5.3.2　模型训练结构 ·· 43

　　　5.3.3　模型基础网络结构 ·· 44

　　　5.3.4　模型目标损失函数 ·· 45

　　　5.3.5　模型算法描述 ·· 46

　5.4　模型验证与结果分析 ·· 48

　　　5.4.1　验证实验设计 ·· 48

　　　5.4.2　实验结果分析 ·· 51

5.5 本章小结 ·· 53

第 6 章 基于飞行数据的飞行动作自动识别 ···································· 55

6.1 引言 ·· 55

6.2 问题建模 ··· 56

    6.2.1 飞行动作特征参数 ·· 56

    6.2.2 飞行动作自动识别流程设计 ··· 56

6.3 基于 CART 的飞行动作识别算法 ··· 57

    6.3.1 算法设计 ··· 57

    6.3.2 算法验证与结果分析 ·· 59

6.4 基于 MRF 模型的飞行动作识别算法 ··· 60

    6.4.1 马尔可夫随机场模型 ·· 60

    6.4.2 飞行数据时间序列分析 ··· 61

    6.4.3 飞行动作识别算法设计 ··· 62

    6.4.4 算法验证与结果分析 ·· 64

6.5 本章小结 ··· 67

第 7 章 基于飞行数据的飞行动作质量评价 ···································· 68

7.1 引言 ·· 68

7.2 飞行动作的相似度度量 ··· 69

7.3 飞行动作质量评价模型的构建 ·· 70

    7.3.1 评价指标的选取 ··· 70

    7.3.2 评价指标权重系数的确定 ·· 70

    7.3.3 飞行动作最终评分 ·· 71

7.4 模型验证与结果分析 ·· 71

7.5 本章小结 ··· 74

第 8 章 航空飞行器飞行控制系统状态参数监控 ······························ 75

8.1 引言 ·· 75

8.2 问题建模 ··· 76

8.3 基于 LSTM 网络的飞行控制系统监控模型 ·· 78

8.4 实验与结果分析 ··· 80

    8.4.1 实验数据 ··· 80

    8.4.2 实验环境 ··· 80

    8.4.3 LSTM 网络配置 ··· 80

    8.4.4 结果对比分析 ··· 80

8.5 本章小结 ··· 81

第 9 章 航空飞行器关键飞行参数预测模型 ···································· 83

9.1 引言 ·· 83

9.2 问题建模 ··· 86

9.3 基于优化 VARIMA 的飞行参数预测模型 ……………………………………………… 86

    9.3.1 模型设计 ……………………………………………………………………………… 86

    9.3.2 实验与结果分析 …………………………………………………………………… 90

9.4 基于 LSTM 与 XGBoost 的飞行参数预测模型 ……………………………………… 92

    9.4.1 基于 LSTM 的状态参数预测方法 ……………………………………………… 92

    9.4.2 基于 XGBoost 的状态参数预测方法 …………………………………………… 93

    9.4.3 基于 LSTM 与 XGBoost 组合预测方法 ……………………………………… 94

    9.4.4 实验与结果分析 …………………………………………………………………… 95

9.5 本章小结 ………………………………………………………………………………… 97

第 10 章 航空飞行四维航迹预测 ………………………………………………………… 98

10.1 引言 …………………………………………………………………………………… 98

10.2 问题定义与应用场景 ………………………………………………………………… 99

    10.2.1 空中交通流量管理 ……………………………………………………………… 99

    10.2.2 飞行冲突预警 ……………………………………………………………………… 99

    10.2.3 航路航线优化 ……………………………………………………………………… 99

    10.2.4 航班延误管理 ……………………………………………………………………… 100

10.3 航迹飞行预测数据集 ………………………………………………………………… 100

    10.3.1 TrajAir 数据集 …………………………………………………………………… 100

    10.3.2 OpenSky Network 数据集 ……………………………………………………… 102

    10.3.3 FlightAware 数据集 ……………………………………………………………… 103

    10.3.4 Flightradar24 数据集 …………………………………………………………… 103

    10.3.5 BADA 数据集 …………………………………………………………………… 104

10.4 航迹飞行预测算法 …………………………………………………………………… 105

    10.4.1 航迹预测任务分类 ……………………………………………………………… 105

    10.4.2 航迹预测方法分类 ……………………………………………………………… 106

10.5 航迹飞行预测系统 …………………………………………………………………… 109

10.6 本章小结 ……………………………………………………………………………… 111

第 11 章 飞行安全风险融合评估 ………………………………………………………… 113

11.1 引言 …………………………………………………………………………………… 113

11.2 问题定义 ……………………………………………………………………………… 114

    11.2.1 飞行安全风险 ……………………………………………………………………… 114

    11.2.2 飞行安全风险评估 ……………………………………………………………… 114

11.3 飞行安全风险融合评估算法 ………………………………………………………… 115

11.4 本章小结 ……………………………………………………………………………… 124

第 12 章 航空飞行大数据智能分析系统设计 ………………………………………… 125

12.1 引言 …………………………………………………………………………………… 125

12.2 需求分析 ……………………………………………………………………………… 125

12.3 系统设计 ·· 127
　12.3.1 系统逻辑架构设计 ························ 127
　12.3.2 系统技术架构设计 ························ 127
　12.3.3 系统功能设计 ···························· 130
　12.3.4 实验对比分析 ···························· 131
12.4 本章小结 ·· 132
参考文献 ·· 133

第 1 篇

理论与方法

　　本篇首先阐述航空飞行大数据的数据来源、数据特点、数据分析需求与数据应用;接着,结合航空飞行数据的特点,构建了航空飞行大数据智能分析框架与数据模型,探讨了智能分析涉及的关键技术;然后,阐述航空飞行大数据预处理技术;最后,介绍航空飞行大数据常用智能分析算法。

第1章

航空飞行大数据概述

随着信息技术的飞速发展,各行各业产生了越来越多的数据,已经超出常规数据处理手段的处理能力,海量数据的处理面临重大挑战。作为海量数据处理的有效手段,大数据处理技术不断发展,并在生活服务的各个领域得到广泛应用。各国政府也在最近几年制定了相关政策,推动大数据技术的发展。

在航空飞行领域,数据同样正在引发新一轮的技术革命,航空的建设与发展也面临海量数据的管理问题。现代化航空飞行器装有众多传感器,能够记录数百个飞行参数,产生了大量的飞行数据,航空飞行器维修保障部门同样也记录了大量数据。这些数据中蕴含着各种有价值的信息,如飞机的健康状态、各设备的性能状况等。如何从数据量大、类型繁多的航空飞行大数据中,监控航空飞行器关键系统的健康状态,给出飞行安全风险预警,是目前航空飞行器健康管理方面的重要课题。如果可以将这些数据集成分析,可以有效提高飞机飞行安全,提高航空领域的科学化管理和决策能力。

那么,航空飞行大数据从哪里获得? 具有哪些特点? 数据分析的需求有哪些? 数据处理的流程是怎样的? 如何应用数据分析结果? 这就是本章概述要回答的问题。

1.1 数据来源

随着航空技术和信息技术的飞速发展,航空飞行器在速度、航程、操纵性和可靠性等方面都取得显著的进步。航空飞行器通过设置大量传感器,硬件上利用发动机参数采集盒、大气机、GPS、惯导系统和垂直陀螺等设备提供信号,软件上借助飞行控制系统、视频系统和地面数据链系统收集数据,地面站获得的数据日益增多,形成了航空飞行大数据。航空飞行大数据的来源主要包括以下几方面。

(1)飞行数据记录器(Flight Data Recorder,FDR)。一种用于记录和监测航空飞行器飞行数据的设备,包括高度、速度、航向、俯仰角、滚转角等信息。这些数据可以通过无线电、GPS、惯性导航等方式获取,通过机载数据总线传输至数据记录系统进行存储。FDR 是国家民用航空管理局要求的商业航班必备设备,是为事故调查所设计的。

(2)快速访问记录器(Quick Access Recorder,QAR)。一种用于机载飞行数据记录仪,从飞行数据采集单元接收输入,记录超过 2000 项飞行参数,设计的目的是提供快速、方便的方式访问原始飞行数据,例如通过 USB 或蜂窝网络连接。QAR 常被用于提高飞行安全和运行效率,属于飞行品质监控计划的一部分。QAR 相比 FDR,具有更高的采样率,具有更长的记录周期。与 FDR 不同,QAR 不是国家民用航空管理局要求的商业航班必备设备。

(3)飞行数据采集单元(Flight Data Acquisition Unit,FDAU)。一种从大量传感器和航空电子系统接收各种离散、模拟和数字参数的单元。FDAU 主要从导航系统、飞行控制系统、液压系统、发动机控制系统等系统采集数据。

(4)驾驶舱语音记录器(Cockpit Voice Recorder,CVR)。记录驾驶舱内的各种声音,包括空地通话、机组内对话及环境背景声音等。

(5)航空飞行信息管理系统。包括航班信息、机场信息、气象信息、维修信息等。

航空飞行大数据的来源非常广泛,包括但不限于上述几个方面。随着技术的不断发展,航空飞行大数据的来源也在不断增加。

1.2　数据特点

航空飞行大数据首先具有大量性(Volume)、多样性(Variety)、高速性(Velocity)、低价值密度性(Value)和真实性(Veracity)的 5V 基本特性,其次具有时间序列特性。

1. 大量性

随着传感器技术的飞速发展,航空飞行器上安装的传感器种类增多,数量增大,采集与传输数据的速度也越快,每秒能采集十几条数据,每小时能采集到三四万条数据,10 小时就能采集到三四十万条数据,数据量较大,如何有效利用这些数据为航空飞行器健康管理提供决策支持成为当前亟待解决的问题。

2. 多样性

目前航空飞行器都配有上百个传感器,采集得到的参数达到成百上千个,包括航空飞行器各个组成部件的状态参数与性能参数,例如动力参数、速度参数、轨迹参数、电气参数等,除此之外,航空飞行大数据还包括飞机舱内图像、音频、视频数据,以及飞机维修信息数据等。总之,航空飞行大数据由结构化、半结构化和非结构化形式的多样化的数据组成。

3. 高速性

航空飞行数据每几十毫秒采集得到一条数据,采集速度非常快,随着飞行时间的推移,由于采集数据参数多,所以数据增长速度也非常快。

4. 低价值密度性

航空飞行数据参数多、数据量大、采集速度快,单位时间内数据价值相对低,需要对海量数据进行深度挖掘分析,才能得到有价值的信息。

5. 真实性

航空飞行数据来源于航空电子系统的传感器,其准确性和可信赖度较高,即数据的质量较好,虽然数据中不乏噪声数据、空值数据、异常数据,但是通过恰当的数据预处理技术处理后,数据的可用性较好。

6. 时间序列特性

采集飞行数据以时间为轴,数据具有时间相关性,在进行航空飞行器飞行数据分析时,应充分利用数据的时间相关特性,实现各个状态参数的有效监控与预测。

除以上特性外,航空飞行大数据还具有来源广、多性质、易分类、关联性等特性。来源广是指航空大数据来源于各个飞行管理单位和各场站;多性质是指航空大数据涵盖多方面的性能指标;易分类是指航空数据可根据飞机种类、所属区域的性质划分为多个层次,便于相关的数据分析;关联性是指航空数据与季节变化、地域变化等地理因素、天气因素变化相关。

1.3　数据分析需求

为何要进行数据分析? 或者说,数据分析有什么用? 回答这个问题,我们首先回顾一下大数据的发展历程,总体上可以划分为萌芽期、发展期和大规模应用期3阶段。

(1) 萌芽期(1980—2008 年)。"大数据"术语被提出,相关数据挖掘理论和数据库技术进一步发展。1980 年,未来学家托夫勒首次提出"大数据",并将大数据称赞为"第三次浪潮的华彩乐章"。在这一时期,数据仓库、专家系统、知识管理系统等数据智能管理工具开始应用。1998 年,*Science* 杂志发表了一篇题为《大数据科学的可视化》文章,大数据作为一个专用名词正式出现在公共期刊上。2008 年,*Science* 杂志推出了一系列大数据专刊,详细讨论了一系列大数据的问题。

(2) 发展期(2009—2012 年)。大数据技术逐渐被大众熟悉和使用。2010 年 2 月,肯尼斯·库克尔在《经济学人》上发表了长达 14 页的大数据专题报告《数据,无所不在的数据》。

2012 年,牛津大学教授维克托·迈尔·舍恩伯格的著作《大数据时代》开始在国内风靡,推动了大数据在国内的发展。

(3)大规模应用期(2013 以来)。大数据得到了广泛应用,包括我国在内的世界各个国家纷纷布局大数据发展战略。2013 年,以百度、阿里巴巴、腾讯为代表的国内互联网公司都推出了大数据的大量应用。2015 年 9 月,国务院发布《促进大数据发展行动纲要》,全面推进我国大数据发展和应用。2016 年 3 月 17 日,《中华人民共和国国民经济和社会发展第十三个五年规划纲要》发布,其中第二十七章"实施国家大数据战略"提出:把大数据作为基础性战略资源,全面实施促进大数据发展行动,加快推动数据资源共享开放和开发应用,助力产业转型升级和社会治理创新。2021 年,工业和信息化部发布《"十四五"大数据产业发展规划》,大数据标准体系的完善成为发展重点。2022 年 12 月,《中共中央国务院关于构建数据基础制度更好发挥数据要素作用的意见》发布,以数据产权、流通交易、收益分配、安全治理为重点,系统搭建了数据基础制度体系的"四梁八柱"。2023 年,中共中央、国务院印发《数字中国建设整体布局规划》,将数据要素放到一个更为宏大的"数字中国"图景中。

处于大数据的大规模应用期,我国工业经济开始迈向数字经济,大数据产业将步入集成创新、快速发展、深度应用、结构优化的新阶段,形成"用数据说话、用数据决策、用数据管理、用数据创新"的大数据思维,提升全社会获取数据、分析数据、运用数据的能力,增强利用数据创新各项工作的本领,强化数据驱动的战略导向,建立基于大数据决策的新机制,运用数据加快组织变革和管理变革。

针对航空飞行器飞行数据的特点,通过数据分析监控各子系统的工作状态,及时发现潜在隐患,为航空飞行器实时操控决策、各组成部件的预防性维修决策提供数据支持,对航空飞行器安全保障具有重要意义。

1.4 数据应用

1.4.1 故障预测与健康管理

早在 20 世纪 70 年代,美国国家航空航天局提出了对航天器及其组成分系统或部件的状态进行实时监测、质量评估和诊断,并制订相应的预防性维修计划,避免严重的故障发生,使航天器保持健康状态,即航天器综合健康管理的概念。20 世纪 90 年代,美国国家航空航天局又提出了基于故障预测与健康管理(Prognostics and Health Management,PHM)技术,并将该技术应用在 F35 联合战斗机项目中。PHM 技术以各传感器采集得到的数据作为输入,利用智能推理算法对系统进行健康状态评估与故障预测,依据评估、预测结果对系统提供一系列维修保障措施,以保证系统持续良好的健康状态。世界各国都已将 PHM 列入航空飞行器系统的发展规划中。航空飞行器 PHM 技术的目标是实现航空飞行器健康状态监控和故障预测。因此,航空飞行器状态智能监控与预测技术是航空飞行器 PHM 的重要组成部分,有利于提升航空飞行器的飞行安全可靠性。PHM 技术是在设备的状态监测基础上而开展的故障预测与健康管理,通过监测与分析各设备的状态数据,及时发现故障隐患,或根据数据预测发展趋势,预测故障发生的可能,根据数据监测分析结果实施预防性维修等健康管理手段,从而提升设备的可靠性。

PHM 系统的工作流程如图 1.1 所示,从图中可以看出,PHM 系统首先需借助大量传感器获得系统的大量状态数据,然后经过数据预处理和特征提取后进行状态监测,依据状态监测结果进行故障诊断或故障预测,结合系统历史监测数据、历史统计数据和产品的参数或模型进行系统的故障预测,依据故障诊断与故障预测结果对系统实施维修保障决策。在PHM 系统工作过程中,数据采集是基础,状态监测是核心过程,维修保障决策是目的。

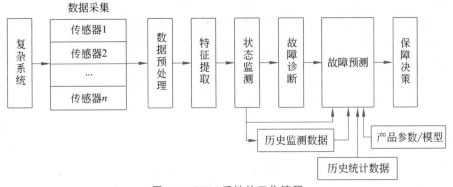

图 1.1 PHM 系统的工作流程

随着传感器技术和航空飞行器技术的飞速发展,航空飞行器上配备了上百个传感器,借助这些传感器采集得到了上百个飞行参数数据,为航空飞行器的状态监控和预测提供了数据基础。同时,计算机技术、通信技术、数据科学和人工智能技术的发展,为基于数据分析的状态监控和预测提供了技术手段。利用航空飞行大数据,借助基于神经网络的深度学习智能算法对航空飞行器各部件尤其是关键子系统进行状态监控和预测,对发现的异常状态进行预警,提前预警可能的故障,提高航空飞行器的维修效率,降低重大事故的可能性和维修成本,将有效提升航空飞行器智能化维修保障能力和飞行安全可靠性。

1.4.2 状态监测

状态监测是 PHM 技术实施的重要步骤,是系统预防性维修的主要内容,是开展航空飞行器视情维修的重要基础,通过对系统运行状态参数的监测,判断系统是否有异常,可以为视情维护提供足够的信息,以便对需要关注的部件采用相应的修复措施,从而有效减少系统故障发生的频次,节约系统维护经费。航空飞行器状态监控是实现航空飞行器视情维修的保证,是实现航空飞行器可靠性的关键技术和必要手段。

航空飞行器状态监控技术针对传感器采集得到的数据进行分析监测,为航空飞行器的故障诊断和健康管理提供支持。国内外很多研究机构都在开展这方面的研究。从近十年的国内外相关文献看,航空飞行器状态监测方法主要可以归结为 3 类:基于机内测试(Built in Test,BIT)的方法、基于模型的方法和基于数据驱动的方法。

基于 BIT 的方法,在美军标中定义为"系统或设备内部对各部件进行自检、隔离故障的方法"。从 20 世纪 80 年代初开始,美国在很多大型复杂武器系统(如 F-16、F-22、F-117、坦克 M1、波音 747、757、767)的设计中成功应用 BIT 技术。随后世界各国都加入到了 BIT 技术的研究与应用中,我国最早在 20 世纪 90 年代开始 BIT 的研究。张险等采用信息熵技术对 BIT 测试和诊断策略进行优化,以降低 BIT 的虚警率。池程芝等在实施 BIT 时,采用贝叶斯方法对 BIT 检测结果进行信息融合,提高检测的有效性。张晨等设计了机载任务设备的 BIT 检测电路。目前,航空飞行器的设计过程中经常利用 BIT 技术检测部件的工作状态是否正常,但在飞机的使用阶段,BIT 技术的应用会受到机载设备体积、质量和系统复杂性、可靠性等因素的限制。

基于模型的方法,首先要建立航空飞行器控制输入与测量输出间的模型,然后将模型的输出与航空飞行器的测量输出对比生成残差,对残差进行评估,依据评估结果进行故障诊断。Ducard 和 Geering 建立了航空飞行器传感器和执行器故障的多模型,采用自适应估计的方法对航空飞行器的故障进行隔离。Hasen 和 Blanke 基于扩展卡尔曼滤波器的观测器实现了航空飞行器空速测量系统的故障诊断。ZHONG 等利用交互多模型方法对四旋翼无人直升机执行器和传感器进行故障检测与隔离。TIAN 等提出利用强跟踪卡尔曼滤波方法实现航空飞行器飞行控制系统传感器故障的诊断。Huang 等利用综合鲁棒自适应 Kalman 滤波方法解决了高速航空飞行器滤波发散和精度不高的问题。Ducard 提出了一种基于动力学模型的航空飞行器故障检测与隔离模型。Raghu 等比较了各种基于动力学模型的小型无人驾驶飞机故障检测与隔离方法。Leung 等对比分析了基于故障树的故障检测、故障隔离和系统恢复的方法。Yu 等提出了考虑执行器控制权限和陀螺仪可用性的飞机故障恢复方法。然而,由于航空飞行器各子系统运行的复杂性、飞行动作的复杂性以及使用场景的复杂性,很难建立对应各子系统精确的动力学模型,这就导致基于模型的状态监测方法实际的应用效果不太理想。随着近年来人工智能技术的飞速发展,基于飞行数据设计智能学习算法进行飞行器的状态监测成为研究的热点。

基于数据驱动方法的航空飞行器状态智能监控与预测,是指利用航空飞行器传感器采集得到的大量历史飞行数据,通过数据分析挖掘算法,识别状态参数的异常数据序列和多个状态参数之间的异常关系,从而为健康监测和故障诊断提供数据支持。数据驱动的方法的关键是利用智能学习算法建立数据输入输出之间的关系,而不需要构建复杂的系统模型,适用于航空飞行器这种非线性复杂系统的故障诊断。从 20 世纪 90 年代,数据驱动的方法得以兴起,常用的方法有主成分分析、神经网络、支持向量机等机器学习算法和深度学习、强化学习、迁移学习等人工智能算法。Warren McCulloch 和 Walter Pitts 在 1943 年提出了人工神经网络方法。周东华等提出对于无法建立精确模型的动态系统可采用数据驱动技术实现故障诊断。田宇阳采用深度置信网络实现了四旋翼航空飞行器的故障诊断,采用优化支持向量机的方法对航空飞行器执行器实施了容错控制。

3 种状态监控方法的优缺点对比如表 1.1 所示。

表 1.1 3 种状态监控方法的优缺点对比

方 法	实 现 方 式	优 点	缺 点
基于 BIT 的方法	设计硬件 BIT 硬件检测电路,实现机内测试	能定位故障部件,隔离性好	需要设计硬件,受机载设备体积质量等方面限制,虚警率高
基于模型的方法	构建输入输出间的监测器模型,需要硬件冗余或解析冗余	意义明确,可解释性强	复杂系统建模难度较高,依赖于硬件冗余或解析冗余
基于数据驱动的方法	利用历史数据训练学习算法,构建状态监控机制	不需要硬件支持,不需要构建复杂系统模型	监控效果与历史数据的数量和质量相关

数据驱动的方法是指通过对数据的分析与挖掘得出有用的结论。数据驱动这一概念最早出现于 1990 年《自动化名词》的术语中,主要应用在自动化科学技术领域中的模式识别与智能控制。到 2011 年,《语言学名词》将"数据驱动"定义为一种问题求解方法,从数据出发寻找数据特征之间的关系,从中发现定理或定律。2016 年,麦肯锡在《分析的时代》中提出人类已进入数据驱动的世界。数据驱动的思想和理念在各个领域得到广泛应用。随着传感器技术的发展,所采集的飞行数据维度不断增大,同时随着历史飞行数据量的不断积累,这些都为基于数据驱动的分析方法进行航空飞行器状态监测和故障诊断与预测提供了良好的数据基础,计算机性能的不断提高和人工智能算法的不断发展,为基于数据驱动的分析方法提供了更广阔的发展空间。当然,数据量的不断增大也提高了特征参数选择难度和数据分析的难度,目前结合机器学习的人工智能方法在航空飞行器智能预测技术方面应用相对较少,这是局限也是机遇。

香港城市大学的 Li 和美国麻省理工学院的 Hansman 等利用聚类算法分析飞行数据以监测异常状态,该方法的优点是算法简单,时间复杂度低,缺点就是对数据敏感,异常检测结果不稳定。美国国家航空航天局 Das 等提出了一种基于多核学习的异常检测算法,并应用于飞行安全案例的分析工作,美国明尼苏达大学的 Paul 等提出了一种模型与数据相结合的小型航空飞行器故障检测算法,MOOSB 等提出了一种基于数据的航空飞行器系统安全威胁监测和诊断模型,Sarah 等提出了一种基于单类支持向量机的多维数据关联异常监测算法,该类方法的最大困难是对空间内核的构建复杂度高,异常检测结果不稳定。HABLER

等提出了一种基于长短时记忆网络的 ADS-B 报文异常检测方法,该方法的优点是有效捕获数据中的时间特性,构建数据的时间累积效果。CHEN 等提出了一种基于飞行数据的航空飞行器在线异常检测系统。Fleischmann 提出了一种基于数据的状态监测体系结构。Morales 等提出了一种自主作战数据分析的自我监控算法。Melnyk 等提出了一种航空系统中基于半马尔可夫切换向量自回归模型的异常检测算法。Puranik 等提出一种基于深度学习网络的识别通用航空运行中的瞬时异常监测算法。Sharma 等提出一种基于主动学习方法的飞行异常检测的算法。Mack 等提出了一种基于贝叶斯网络结构的飞机故障诊断参考模型。这些基于深度学习网络的方法的缺点是对数据敏感,存在对数据的适用性问题。

国内采用数据驱动方法开展状态监测与健康管理的博士学位论文逐年递增。西北工业大学的刘小雄博士认为基于数据驱动的方法是实现航空飞行器健康管理最有效、最理想的途径。哈尔滨工业大学的何永福博士提出了基于子空间学习的方法对航空飞行器飞行数据进行在线表示,实现了航空飞行器的在线异常检测。哈尔滨工业大学的刘连胜博士提出了一种计算航空飞行器数据信息熵测度的方法实现对航空飞行器剩余寿命的预测,针对系统退化信息的挖掘,提出了改进二阶排列熵作为选取输入数据的量化依据,通过目标检测数据与各输入数据相关性的信息度量进行异常检测,通过基于互信息的自适应恢复方法有效控制在线预测性能的损失。国防科技大学的尹洪博士采用基于数据驱动的方法实现卫星故障的诊断,针对卫星数据的异常检测问题提出了一种基于 MapReduce 的动态时间弯曲并行化算法,利用并行分割技术将卫星时序数据转换为规则符号表示,针对卫星参数多、故障类别多的问题将支持向量机和混合投票机制相结合实现卫星故障分类诊断。华中科技大学的郭亚宾博士分别采用了数据平滑优化算法、主元分析方法、神经网络和深度信念等智能学习算法,基于数据实现了多联机空调系统的故障检测与诊断。

1.5   本章小结

航空飞行数据的管理与分析一直以来都是航空领域重点关注的问题,关乎航空装备故障诊断、决策分析等多方面应用。本章首先阐述了多源航空飞行大数据的来源和特点,然后简述了数据分析需求,最后给出了航空飞行大数据的数据应用。通过研究多源航空飞行大数据的智能分析技术,一方面有助于挖掘现有数据的价值,另一方面为后续的应用提供方法和技术支持。

第2章

航空飞行大数据智能分析框架

2.1 引言

航空飞行大数据的智能分析是指利用智能算法对航空飞行大数据进行分析,从数据中发现规律和特征,通过数据训练和优化算法,监控航空飞行器的动力装置、导航子系统、飞行控制子系统和电气子系统 4 大组成子系统的状态参数的变化情况,及时发现参数异常变化情况,防止严重故障的发生,从而为航空飞行领域各岗位人员在恰当的时间提供恰当的有用信息,为航空飞行器管理决策和开展预防性维修提供数据支持,为他们的工作提供辅助决策支持,提高工作效率和质量效益。

本章针对航空飞行大数据智能分析问题,首先设计总体框架,然后阐述智能分析涉及的关键技术,为智能分析提供总体框架和方法指导,最后构建智能分析的数据基础——航空飞行器状态数据模型,针对航空飞行器各子系统的主要功能确定其状态监控参数,为后面航空飞行器智能分析提供输入输出数据。

2.2 总体框架

航空飞行大数据智能分析总体框架如图 2.1 所示,主要包括飞行数据采集层、飞行数据处理层和飞行数据应用层 3 个层次,涉及系统运维和标准规范两大方面。

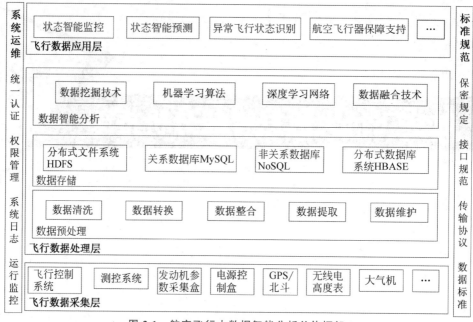

图 2.1　航空飞行大数据智能分析总体框架

2.2.1　飞行数据采集层

飞行数据采集层主要借助飞行控制系统、测控系统、发动机参数采集盒、电源控制盒、GPS/北斗、无线电高度表、大气机等系统或设备上安装的各类传感器,将航空飞行器飞前、飞中到飞后全过程所有与飞行相关的数据,采集存储到 QAR 或通过数据链传输到地面控制系统,包含了飞机各组成部件的多维度、多类型的数据,为分析处理提供数据基础。

2.2.2　飞行数据处理层

航空飞行器飞行数据处理层以采集层获得的数据作为输入,经过数据预处理,然后选择合适的数据库系统将数据进行存储,再根据数据应用,从数据存储层提取相应数据进行分析处理,处理结果为各种飞行管理应用提供辅助决策支持。

1. 数据预处理

数据采集层获得的数据来源于不同信号源,由于各种传感器信号的不稳定性等原因,采集得到的数据会存在噪声、空值、异常数据等"脏"数据问题,数据的多样性和不一致性要求数据必须经过预处理才能进行存储和分析。数据预处理层需要对数据进行数据清洗、数据转换、数据整合、数据提取和数据维护等步骤后,输出到数据存储层进行存储。数据清洗主要是将传感器获得的无效数据、异常数据和冗余数据删除,例如不同传感器的数据采集频率不同,数据需要进行时间同步,采集频率高的冗余数据删除;数据转换是指填补空值数据、同类数据字段转换为同一字段;数据整合是指将来自不同信息系统的数据进行整合,按照域进行划分,形成不同域的数据仓库;数据提取和数据维护是在后期数据应用过程中,不断根据飞行业务决策需求进行的数据操作。数据提取是指从数据仓库中,提取出业务决策应用所需数据;数据维护是指为保证数据的可用性对数据适时地进行备份操作。

2. 数据存储

数据存储以数据预处理后的数据作为输入,将数据按照航空飞行器各子系统数据分布存储,根据各类数据特点,分别选择合适的数据存储系统进行存储。对于独立文件数据如标准规范文件、图片、视频、音频等采用分布式文件存储系统(Hadoop Distributed File System,HDFS)进行存储;对于飞行参数数据、环境数据等结构化数据采用关系数据库 MySQL 进行存储;对于数据量非常大的飞行参数数据也可以采用非关系数据库 NoSQL 进行存储,方便采用大数据平台进行数据分析处理;对于分布在各个单位的数据可以采用分布式数据库系统 HBASE 进行存储。

3. 数据智能分析

数据分析依据航空飞行器系统的数据应用需求,从数据存储层提取数据,借助数据分析算法,包括数据挖掘技术、机器学习算法、深度学习网络和数据融合技术等,分析飞行全过程中的历史数据,找出航空飞行器状态的关键参数及其变化规律,研究各参数之间的数据关联规则以及变化趋势,为数据应用提供支持。

2.2.3　飞行数据应用层

航空飞行器飞行数据应用层主要包括航空飞行器状态智能监控、状态智能预测、异常飞行状态识别和航空飞行器保障支持等方面应用。通过飞行数据的分析挖掘,辅助各级决策者开展依据数据决策的实践,提高飞行安全管理水平。

2.2.4　系统运维

基于数据驱动的航空飞行器状态监控与智能预测系统的运维方面,主要涉及用户统一身份认证、权限管理、系统日志和运行监控。随着业务系统的增多,利用用户统一身份认证可以使各部门人员采用一个用户名使用多个系统;权限管理使得不同用户使用不同的系统资源,保证数据安全和使用的方便性;系统日志记录运行环境,对于系统监控和问题定位至关重要;运行监控主要是针对系统的软硬件运行情况的展示,为用户提供实时的关键指标监控展示和告警信息,及时发现问题,提供故障回溯和系统优化依据。

2.2.5　标准规范

系统的开发和运行过程要遵循保密管理规定、软件接口规范、数据传输协议和数据定义标准等软件系统开发的标准规范。

2.3　关键技术

基于数据驱动的航空飞行器状态智能监控与预测关键技术包括航空飞行器飞行数据融合技术、状态智能监控技术和状态智能预测技术,如图 2.2 所示,充分挖掘航空飞行器飞行数据的价值,为航空飞行器预防性维修和健康管理提供数据支持,提高航空飞行器科学管理水平。

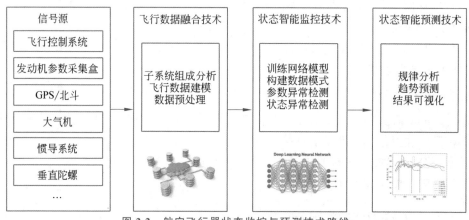

图 2.2　航空飞行器状态监控与预测技术路线

2.3.1　飞行数据融合技术

学术界 20 世纪就开始了关于多个传感器数据融合技术的研究,提出数据融合的概念,并在 20 世纪 70 年代应用于军事领域。随着研究的不断深入,数据融合技术虽然取得许多研究成果,但至今未形成统一的定义。数据融合主要应用在传感器信息融合领域,后逐渐应用在对获取的多来源数据按照实际的需求规范一致的情况,以便于实现相应的决策和估计。多源航空大数据融合的主要目的是去除噪声和冗余点,以最大程度地发挥航空数据的价值。多源航空数据融合可划分成数据层融合、特征层融合和决策层融合。

（1）数据层融合。数据层融合是一种贴近原始航空数据的融合层次。数据层融合不仅可以有效消除数据中的冗余信息,去除异常信息和噪声,还能为下一层特征提取提供信息基础。数据层融合的常用方法有神经网络、卡尔曼滤波和压缩感知等。

（2）特征层融合。特征层融合主要依据的是航空数据的特征,相较于数据层融合,由于针对航空数据进行了特征提取,在数据融合过程中,实时性更强。常用的融合方法有卡尔曼滤波和压缩聚类法等。

（3）决策层融合。决策层融合是传感器端完成基本的处理,再将处理结果进行融合,一般传感器端已经完成大部分的工作,传回来的数据较少,所以相较于其他的融合方式具有融合效率高,对数据变化的容忍度高等特点。

上述3个层次的数据融合综合比照分析如表2.1所示。

表 2.1　3 个融合层次的综合分析

比　较　项	决　策　层	特　征　层	数　据　层
实时性	大	中	小
抗干扰性	大	中	小
融合精度	小	中	大
通信量	小	中	大
数据量	小	中	大
传感器依赖性	不限	不限	同质
信息损失	大	中	小
处理代价	小	中	大

数据融合的方法基本上可以概括为经典融合法和现代融合法。其中,经典融合法主要依据数学基础按照数据特征进行融合运算,包括加权平均法、卡尔曼滤波法和贝叶斯估计法等;而现代融合法依据目前比较流行的优化算法,以融合结果最优为目标,包括人工神经网络法、遗传算法等。数据融合方法的分类如图2.3所示。

1. 经典融合法

经典融合法又可以分为估计法和统计法,其中,估计法主要是利用数据估计拟合数据的特征,运算相对简单的如加权平均法和最小二乘法,运算复杂的如卡尔曼滤波法等。统计法以概率论为基础,依据数据的概率分布特征,得到合适的融合结果,包括支持向量机法、贝叶斯推理法等统计方法。

1）卡尔曼滤波法

卡尔曼滤波法具有不需要大量的存储空间和计算资源的优点,其核心思想是对各传感器的数据加权平均。每个传感器的权重与方差负相关。现有国内外卡尔曼滤波法的研究主要有:李海艳等的研究表明针对不确定性的数据,采用卡尔曼滤波的方法进行数据融合,能提升融合的效率和准确性,并且能过滤异常噪声点。肖力铭等提出了一种模糊卡尔曼滤波

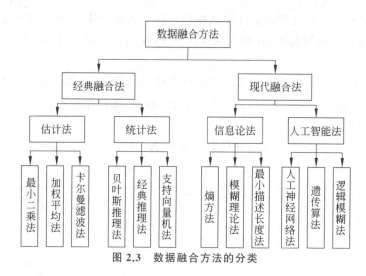

图 2.3　数据融合方法的分类

方法,用不同推理规则和协方差矩阵调整策略解决数据误差来源不同的问题,对于航空数据存在的误差波动,具有较好的鲁棒性。

2)贝叶斯推理法

贝叶斯推理法是以传统概率论为基础的多源信息融合算法,多采用归纳推理的方法。由于在实际应用中,数据经常出现缺失的情况,信息的不完整性将使系统变得不确定。而造成这种数据缺失的原因有两方面:一方面是因为噪声破坏了信号中的某些原始信息,并且无法从后置噪声中提取和检索原始信息;另一方面,即使不考虑噪声干扰,数据也不可能包含与被监测物体本身有关的完整信息,这与诸如传感器精度之类的因素有关。因此,在不可能获得完整而准确的信息情况下,以至于缺失先验概率的情况下,贝叶斯理论常常采用归纳推理来解决问题。贝叶斯算法可以解决针对不同来源的数据存在差异的问题,有效融合多源数据,相较于其他方法,数据更加完整和准确。但贝叶斯方法的缺点是不容易获得贝叶斯估计所需的先验分布。

2. 现代融合法

现代融合法通常分为信息论法和人工智能法,其中,信息论法以信息论为基础,以融合后的信息熵增为目标,具体有模糊理论法和熵方法等。人工智能法依据目前主流的仿生学优化算法的人工神经网络法和遗传算法等。

1)人工神经网络法

神经网络技术是近年来被广泛应用的信息处理技术,尤其是在图像识别和语义分析领域,具有容错能力高的优点,适合在数据融合时,存在误差难以消除的情况。采用人工神经网络能大大减少数据融合的误差,缺点在于计算量大,训练模型所需的时间长。但是随着计算机性能提升和算法的改进,训练效率和速度逐步提高,人工神经网络在实际应用中的限制逐步减少。针对复杂神经网络运算效率的问题,提出了将粗糙集与神经网络结合起来,缩减了神经网络的规模大小，从而提高了数据融合的效率。

2）模糊理论法

模糊理论法在数据融合领域的实质是将输入的离散数据转变为连续数据，将不明确的信息严格量化并用隶属度表示，模糊理论解决了概率论方法中存在的部分问题。表达事件的可能性并不需要一定的概率。在数据融合领域，模糊理论为模糊问题和模糊推理的管理提供了理论基础。采用模糊理论进行数据融合具有很好的容错能力，有助于排查错误数据的影响，并具有过程简单、运算量小等优点。

2.3.2　飞行数据建模技术

数据是开展航空飞行数据智能分析工作的基础。为了保证状态监控与预测结果的准确性，首先需要对航空飞行器飞行数据进行科学合理建模。基于航空飞行器状态智能监控与预测的需求，分析航空飞行器4大组成子系统监控参数，明确航空飞行器状态智能监控与预测所涉及的飞行数据范围，构建状态智能监控与预测的数据模型，为状态监控与预测工作奠定数据基础。

2.3.3　状态智能监控技术

航空飞行器状态智能监控技术是指基于航空飞行器历史飞行数据，设计深度学习网络构建航空飞行器各组成子系统单个参数的正常数据模式，通过历史飞行数据训练网络模型，利用训练好的模型实现航空飞行器异常数据检测和异常飞行状态检测，对于异常数据给出预警，为航空飞行器实时操控决策、各组成部件的预防性维修决策提供数据支持。

2.3.4　状态智能预测技术

航空飞行器状态智能预测技术是指基于航空飞行器历史飞行数据，设计深度学习网络构建航空飞行器各组成子系统多个参数之间的关联关系，通过历史飞行数据训练关系模型，利用训练好的关系模型进行各参数的趋势预测，对未来趋势异常情况给出预警提示，为航空飞行器实时操控决策、各组成部件的预防性维修决策提供决策支持。

2.4　航空飞行器状态数据模型

针对以独立文件存在的航空飞行器飞行数据，利用数据仓库技术进行抽象建模，采用"面向主题域"的方式构建航空飞行器数据仓库，建立航空飞行器飞行数据模型，为各岗位人员进行多架次飞机历史数据的查询和分析奠定基础。航空飞行器系统的数据仓库以 QAR 飞行参数时序数据的飞行记录事实为核心，设置航空飞行器表，航空飞行器表按照航空飞行器的关键子系统,分为动力装置表、飞行控制子系统表、导航子系统表和电气子系统表,各表设置数据主键,唯一表示记录,航空飞行器状态数据模型如图 2.4 所示。

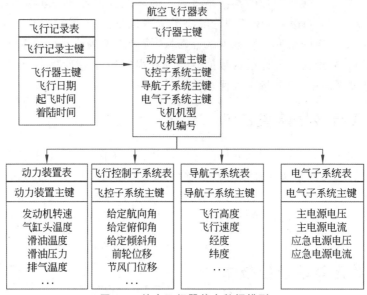

图 2.4　航空飞行器状态数据模型

2.4.1　动力装置状态监控参数

航空飞行器动力装置的功能是为飞机飞行提供推力,主要由发动机系统、燃油系统、滑油系统组成,如图 2.5 所示。其中,发动机系统提供动力,燃油系统为发动机提供燃油供给,

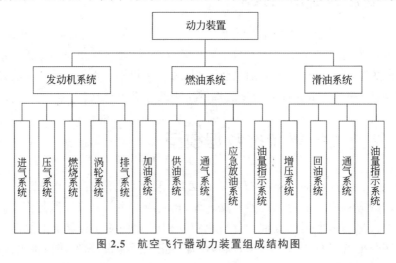

图 2.5　航空飞行器动力装置组成结构图

滑油系统为发动机各润滑点实现润滑和冷却。

动力装置的状态监控是指针对发动机系统、燃油系统和滑油系统的状态监控,动力装置工作是否正常可以通过监控各组成系统的状态参数变化情况进行判断,航空飞行器动力装置状态监控参数如图2.6所示。

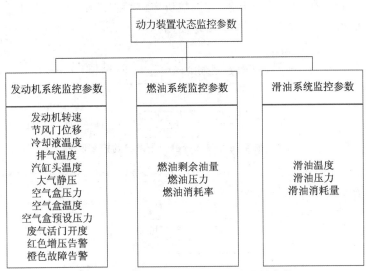

图2.6 航空飞行器动力装置状态监控参数

2.4.2 飞行控制子系统状态监控参数

航空飞行器飞行控制子系统是航空飞行器控制、决策与管理的综合系统,实现航空飞行器从起飞到着陆全过程的控制与管理,是航空飞行器的大脑,简称航空飞行器飞控系统。以固定翼航空飞行器为例,其飞行控制系统由飞行控制计算机、传感器、执行机构和飞行控制软件组成,如图2.7所示,该飞行控制主要完成航空飞行器的方向舵、升降舵、副翼、襟翼、油门、刹车和起落架等的控制,使飞机完成起飞、爬升、巡航、转弯、下降、减速、着陆等动作。

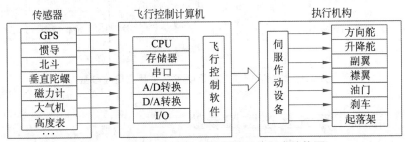

图2.7 航空飞行器飞行控制子系统组成结构图

　　航空飞行器飞行控制系统的状态监控是指对飞行控制系统实现姿态、速度、高度、轨迹等自动控制能力的监控。航空飞行器飞行控制子系统的控制回路如图 2.8 所示。飞行控制系统首先借助大量传感器实时采集各部件的飞行状态数据,实时接收地面测控站由数据链传输的控制命令和飞机状态参数的给定期望值,然后飞行控制软件依据飞行控制律进行预算分析,最后向执行机构下达控制指令,控制舵机完成相应操作。飞行控制子系统将航空飞行器各个组成部件的状态参数实时发送回地面测控站。

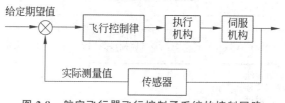

图 2.8　航空飞行器飞行控制子系统的控制回路

　　航空飞行器自动控制能力的主要状态监控参数包括给定参数值与实际测量数值的误差变化,如图 2.9 所示。

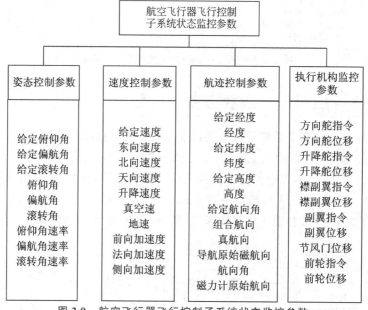

图 2.9　航空飞行器飞行控制子系统状态监控参数

2.4.3　导航子系统状态监控参数

　　航空飞行器导航子系统为飞行提供位置、姿态、速度和航向等信息,实现位置对准和导航解算功能,主要组成如图 2.10 所示,其中,仪表导航是通过空速表、磁罗盘、航向陀螺仪和高度表等仪表提供的数据实现导航。无线电导航是利用地面无线电导航台和航空飞行器上的无线电导航设备对航空飞行器进行定位和引导,分为陆基导航和卫星导航。陆基导航依靠的是台站与台站之间的相对位置,由一个台站到另一个台站;卫星导航是由全球卫星导航系统,如美国的 GPS、中国的北斗和俄罗斯的GLONASS。惯性导航是利用安装在惯性平台上的 3 个加速度计测出航空飞行器沿互相垂直的 3 个方向上的加速度,由计算机将加速度信号对时间进行一次和二次积分,得出航空飞行器沿 3个方向的速度和位移,从而能连续地给出航空飞行器的空间位置;天文导航是以天体(如星体)为基准,利用星体跟踪器测定水

图 2.10 航空飞行器导航子系统组成结构图

平面与对此星体视线间的夹角(称为星体高度角),高度角相等点构成的位置线是地球上的一个大圆,测定两个星体的高度角可得到两个大圆,它们的交点就是航空飞行器的位置。航空飞行器的导航系统一般由以上几种导航组合起来。

导航子系统的状态监控主要是实现对航空飞行器位置、姿态和速度信息测量精度的监控,其主要状态监控参数如图 2.11 所示。

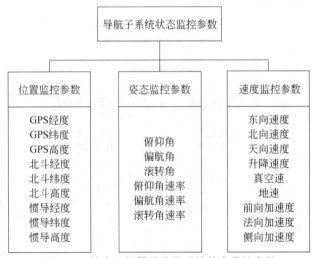

图 2.11 航空飞行器导航子系统状态监控参数

2.4.4 电气子系统状态监控参数

航空飞行器电气子系统主要由供电系统、配电系统和用电系统组成,如图 2.12 所示。其中,供电系统又称电源系统,为各种用电设备提供电源;配电系统亦称配电线路系统,包括

导线组成的电网、各种配电器件和监控仪表;用电系统包括电动机、仪表用电、照明用电和其他用电设备。

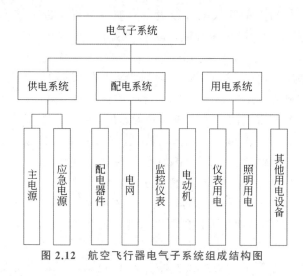

图 2.12　航空飞行器电气子系统组成结构图

能反映航空飞行器电气子系统工作状态和性能状态的参数如图 2.13 所示,主要包括主电源电压和电流、应急电源电压和电流。

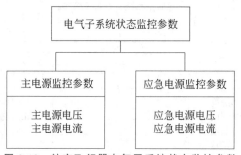

图 2.13　航空飞行器电气子系统状态监控参数

2.5　本章小结

本章设计了航空飞行大数据智能分析总体框架,阐述了智能分析所涉及的关键技术,并基于航空飞行器的 4 大组成子系统,即动力装置、飞行控制子系统、导航子系统和电气子系统,构建了航空飞行器状态数据模型,指出了各子系统的状态监控参数,为航空飞行大数据智能分析工作奠定数据基础。

第3章

航空飞行大数据预处理技术

3.1　引言

　　机载参数飞行记录系统采集的飞行数据存在噪声干扰、数据缺失等问题,如果不经过数据预处理,难以满足飞行数据智能分析的要求。飞行数据预处理是后续如飞行动作识别、飞行状态监控等数据分析工作的基础。由于飞行数据来源于发动机部件布置的多个传感器,存在传感器不稳定和网络传输延迟等问题,数据中一般会存在少量的噪声和空缺值,而且机载参数飞行记录系统采集的飞行数据具有多源性和冗余性的特点,所以,数据智能分析前,先要对数据进行预处理。

3.2　飞行数据滤波

　　目前的飞行数据滤波算法通常是针对单一飞行参数的滤波方法,如小波变换、人工神经网络等,这些方法缺乏普适性,如果参数发生改变,需要重新建模。对多个传感器采集到的同一参数的测量值,运用合理的融合滤波算法通常会得到更加可靠的数据。

　　飞机上采集记录飞行参数数据的设备较多,测量手段丰富。因此,飞行数据具有多源性和冗余性的特点,这就为应用多源数据融合技术处理飞行数据提供了信源保证。一方面,航空飞行器上常常有多套飞行数据采集装置,如惯导系统、航姿系统等,所以不同的数据记录装置可以在同一时刻对于同一个参数提供多个数据记录值;另一方面,同一任务记录装置的不同信源针对同一参数的观测值不同,比如惯导系统提供的飞机俯仰角和航姿系统提供的飞机俯仰角,气压计测量的飞机高度和无线电高度等。

目前数据融合算法的分类方法很多,按照是否依赖先验知识可以分为两类:一类是依赖先验知识的数据融合算法,如贝叶斯方法、卡尔曼滤波方法等,这些方法的融合效果要依赖于提供的先验知识,但是在实际工程应用中,先验知识的获取往往是困难的;另一类是不依赖于先验知识的方法,如基于支持度一致性的融合算法、基于关系矩阵的融合算法、基于参数之间相互距离的融合算法等。这些算法可以在难以获取先验知识的场合下应用。但是随着数据量的增加,一方面算法的运算效率减慢,另一方面,由于旧数据的增多,递推算法失去修正能力。本节选用基于改进支持度的记忆融合滤波算法对单一飞行参数滤波。既保证了滤波的效果,也能提高算法的运算效率。

3.2.1　基于斜率距离的支持度

支持度是衡量多源系统中两个信号源在某一时刻之间的相似程度。在由 n 个信号源观测的某个参数 X 的多源系统中,其在 k 时刻第 i 个信号源的观测值为 $z_i(k)$,根据飞行数据统一误差模型 $z_i(k) = X(k) + V(k)$,其中,$V(k)$ 表示参数第 k 时刻的所有误差之和,$E[V(k)]$ 和 $D[V(k)]$ 等分布情况均未知。此时可以采用数据融合的方法估计真实数据,即运用支持度来表示数据源观测值的可信程度,给每个数据源分配恰当的权重,进而融合各个数据源的观测值,消除数据的误差,得到飞行参数 X 真实值的估计值。

数据源的相似程度可以用数据源之间的差异性来衡量,其差异程度采用时间序列的绝对距离计算。在 k 时刻,数据源 i 和数据源 j 的绝对距离为 $d_{ij}(k)$,表达式为

$$d_{ij}(k) = | z_i(k) - z_j(k) | \tag{3-1}$$

为了便于后续运算,统一量纲,对绝对距离 $d_{ij}(k)$ 归一化,记作 $d'_{ij}(k)$,表达式为

$$d'_{ij}(k) = \frac{| z_i(k) - z_j(k) |}{\max_{i,j}(| z_i(k) - z_j(k) |)} \tag{3-2}$$

运用常用的指数衰减函数来量化两个数据源之间的观测支持度存在两个问题:一是支持度函数含有人为设定的参数,包含一定的主观成分;二是未考虑同一数据源在观测区间采集数据的可信度。为了更可靠衡量两个数据源之间的支持度,提出一种改进支持度函数,引入灰色接近度理论,定义数据源 i 的自支持度为

$$s_i(k) = \frac{1}{1 + \sigma_i(k)} \tag{3-3}$$

式(3-3)中,$\sigma_i(k)$ 为第 i 个信号源的观测值 $z_i(k)$ 的方差,所以 k 时刻数据源 i 和数据源 j 的观测支持度为 $a_{ij}(k)$,即:

$$a_{ij}(k) = \exp[-\alpha d'_{ij}(k)^2] \tag{3-4}$$

$$\alpha = \sqrt{s_i(k)s_j(k)} \tag{3-5}$$

由式(3-4)可知,如果 $z_i(k)$ 与 $z_j(k)$ 相差较大,则 $a_{ij}(k)$ 较小,数据源 i 和数据源 j 之间的相互支持度较低;如果 $z_i(k)$ 与 $z_j(k)$ 相差较小,则 $a_{ij}(k)$ 较大,数据源 i 和数据源 j 之间的相互支持度较高。式(3-5)中, α 为支持度系数,反映支持度和数据源相差大小的关系。

应用式(3-5)可以得到在一定时间段内,参数各个数据源 X 支持度矩阵为

$$SD(k) = \begin{bmatrix} 1 & a_{12}(k) & \cdots & a_{1n}(k) \\ a_{21}(k) & 1 & \cdots & a_{2n}(k) \\ \vdots & \vdots & & \vdots \\ a_{n1}(k) & a_{n2}(k) & \cdots & 1 \end{bmatrix} \tag{3-6}$$

支持度矩阵每 i 行元素之和 $\sum_{j=1}^{n} a_{ij}(k)$,反映第 i 个数据源和其他数据源的一致程度,若 $\sum_{j=1}^{n} a_{ij}(k)$ 大,表明第 i 个数据源和大多数数据源是一致的,反之,则表示与大多数数据源存在偏差。

定义 k 时刻数据源 i 观测值与其他数据源观测值的一致性度量为 $r_i(k)$,表达式为

$$r_i(k) = \frac{\sum_{j=1,j\neq i}^{n} a_{ij}(k)}{n-1} \tag{3-7}$$

根据支持度的定义,通常选择在整个时段观测一致性度量 $r_i(k)$ 较大的数据源作为可靠的数据。但是数据源的观测一致性在不同时刻的变化较大,很有可能出现在某一时刻观测一致性较大,在其他时刻观测一致性较小的情况。所以,仅比较单一时刻的观测一致性无法确定哪个数据源更为准确和可靠,要衡量整个时刻数据源观测一致性的变化规律,运用统计理论,通过比较信号源 i 的观测一致性均值和观测一致性方差,来确定数据融合的权重。

k 时刻数据源 i 观测一致性均值为

$$\overline{r_i(k)} = \frac{1}{k} \sum_{t=1}^{k} r_i(t) \tag{3-8}$$

k 时刻数据源 i 观测一致性方差为

$$\sigma_i^2(k) = \frac{1}{k} \sum_{t=1}^{k} [\overline{r_i(k)} - r_i(k)]^2 \tag{3-9}$$

定义 k 时刻数据源 i 的加权系数为 $q_i(k)$,在应用过程中,观测一致性均值大,观测一致性方差小的数据源往往被认为更加可靠,所以观测一致性均值大,观测一致性方差小的数据源的权重应该较大,即加权系数 $q_i(k)$ 与数据源 i 观测一致性均值 $\overline{r_i(k)}$ 成正比,与观测一致性方差 $\sigma_i^2(k)$ 成反比。因此,加权系数 $q_i(k)$ 的表达式为

$$q_i(k) = [1 - \lambda\sigma_i^2(k)]\overline{r_i(k)} \tag{3-10}$$

式中，λ 为可调参数，可以调节方差对于权重大小的影响，所以基于支持度的融合估计表达式为

$$\hat{X}(k) = \frac{\sum_{i=1}^{n} q_i(k) z_i(k)}{\sum_{i=1}^{n} q_i(k)} \tag{3-11}$$

3.2.2 剔除异常支持度

即使考虑数据源的稳定程度，若想获得更为精准的融合结果，还需要在进行数据融合之前，剔除异常支持度对融合结果的影响。选用格拉布斯（Grubbs）法剔除支持度中的异常值。

k 时刻数据源 i 的支持度的均值和方差分别为

$$\overline{a_i}(k) = \frac{1}{n} \sum_{i=1}^{n} a_{ij}(k) \tag{3-12}$$

$$\sigma'_i(k) = \sqrt{\frac{1}{n} \sum_{j=1}^{n} \overline{[a_{ij}(k) - a_{ij}(t)]^2}} \tag{3-13}$$

$a_{ij}(k)$ 对应的 Grubbs 统计量为

$$T_{ij} = \frac{\| a_{ij} - \overline{r_i(k)} \|}{\sigma_i(k)} \tag{3-14}$$

若 $T_{ij}(k) \geqslant T(N, a)$，则令 k 时刻数据源 i 的支持度 $a_{ij}(k)$ 为 0。

为了防止数据饱和问题，引入遗忘函数，时间间隔越大的数据，其影响越小；反之，时间间隔越小的数据，其影响越大。由遗忘函数的定义可知，任何单调非增函数都可以是遗忘函数。

3.2.3 遗忘函数

根据指数遗忘函数的特点构造遗忘函数为

$$A_i(k) = e^{-at} \tag{3-15}$$

式中，t 为当前时间差与过去某个时点的时间差，构造的遗忘函数具有形式简单、工程上易于应用的特点。

引入遗忘函数之后，此时的融合估计表达式为

$$\hat{X}(k) = \frac{\sum_{i=1}^{n} w_i(k) z_i(k)}{\sum_{i=1}^{n} w_i(k)} \tag{3-16}$$

式中，$w_i(k)$ 为记忆融合值的权值，表达式为

$$w_i(k) = \frac{1}{k} \sum_{u=1}^{k} r_i(u) A_i(u) \tag{3-17}$$

3.2.4 实验与结果分析

选取某型飞机发动机转速为实验样本，分别截取飞行参数系统的主记录器、快速记录器和事故记录器中关于发动机转速的数据，共 400 组，分别记作数据源 A、数据源 B 和数据源 C，真实值为 6000r/min，数据源的部分观测数据如表 3.1 所示。

表 3.1 数据源观测数据

观测次数	数据源 A	数据源 B	数据源 C	观测次数	数据源 A	数据源 B	数据源 C
1	218.7	1001.1	6003.6	11	6007.9	6002.1	6004.9
2	6009.1	5352.2	6005.3	12	5989.2	6003.1	6004.3
3	5990.5	5401.5	6005.0	13	6010.0	6003.4	6005.0
4	5989.7	6003.1	6000.8	14	6010.0	5999.0	6001.2
5	5992.1	5900.8	5996.3	15	6008.3	6001.5	5995.9
6	5992.5	5998.9	5997.0	16	5989.3	5998.6	5996.5
7	6008.5	5998.3	5996.8	17	6008.5	6002.1	5996.7
8	6010.0	6001.5	6005.2	18	5989.2	6001.7	6003.2
9	6005.2	6000.4	6003.2	19	6005.1	6006.5	6001.5
10	6003.2	6099.5	6000.4	20	6001.5	6004.3	6000.3

采用本算法，与数据源比较如图 3.1 所示，可以看出应用本算法可降低数据源本身存在的噪声，提高了数据源的精度。下面将本算法与其他算法比较，如图 3.2 所示。

从图 3.2 可以看出与平均值法和支持度融合算法相比，本算法拥有较好的适应性，滤波结果更接近实际值，数据更加平稳，总体误差小于其他两种方法，极大提高了飞行数据的精度。

对于机载参数飞行记录系统采集的飞行数据原值存在噪声干扰问题，根据飞行数据具有多源性和冗余性的特点，提出在已有的支持度算法上的改进支持度记忆融合滤波算法，通过对改进的支持度计算和添加遗忘因子，使得算法的效率增加，提高了数据的精度。

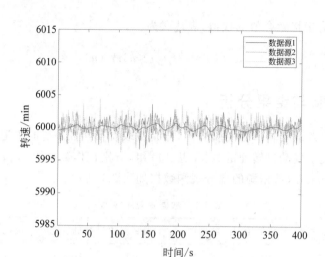

图 3.1　融合结果与数据源输入值比较

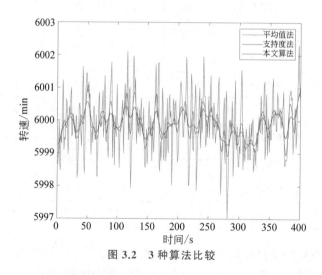

图 3.2　3 种算法比较

3.3　飞行数据归一化处理

如航空飞行器飞行经度、高度、纬度等多个状态参数的数值范围不同,参数的数据量级不同可能导致训练的网络模型不准确,所以要对多个状态参数进行归一化。常见的 3 种数据归一化方法为 Z-score、Min-max 和 MaxAbs 标准化方法,3 种方法的计算方法和适用范围如表 3.2 所示。

表 3.2 数据标准化方法对比

名 称	计 算 方 法	适 用 范 围
Z-score	$x' = \dfrac{x - x_{mean}}{x_{std}}$（状态参数的测量值减去其均值，再除以其标准差）	适用于状态参数测量值的最大值和最小值无法判断的情况，或者是测量值存在过多的异常数据的情况
Min-max	$x' = \dfrac{x - x_{min}}{x_{max} - x_{min}}$（状态参数的测量值减去其最小值，得到的差再除以最大值与最小值之间的差）	适用于状态参数测量值的最大值最小值都已知的情况
MaxAbs	$x' = \dfrac{x}{x_{max}}$（状态参数的原始数据除以其最大值）	适用于已经零中心化的状态数据或稀疏数据

3.4 本章小结

本章首先针对飞行数据采集过程中传感器测量噪声变化导致的数据精度下降问题，提出一种基于改进支持度的记忆融合滤波算法，通过改进支持度计算各个数据源的权重系数，引入遗忘函数减少历史数据的影响，通过与典型算法仿真对比，验证结果表明该算法有效地提高了数据的精度和稳定性；然后，针对数据量纲不一致的问题，阐述了飞行数据归一化处理的方法，为实现飞行数据的智能化分析处理提供可靠信源保障。

第4章

航空飞行大数据智能分析算法

4.1 引言

航空飞行大数据的智能分析是指利用智能算法对航空分析大数据进行分析,从数据中发现规律和特征,为航空飞行器管理决策和开展预防性维修提供数据支持。实现数据智能分析的技术手段有很多,机器学习是实现智能的一种应用非常广泛的重要技术,该技术从数据中学习规律和模式,利用数据训练算法,利用训练好的算法进行预测和决策。

根据机器学习算法学习方式的不同,分为有监督学习算法和无监督学习算法两大类。有监督学习是指算法通过输入-输出配对的数据进行训练,输入数据是带有标签的训练数据,即已知输入和输出的关系,通过学习这个关系,可以对新的输入数据进行预测。常见的有监督学习算法包括线性回归、逻辑回归、决策树、支持向量机(Support Vector Machine,SVM)、K 最近邻(K-Nearest Neighbor,KNN)等。无监督学习是指从数据中找出隐藏的结构或关系,输入数据没有标签,常见的无监督学习算法包括聚类算法(如 K-Means)、关联分析算法(如 Apriori 算法、FP-Growth 算法)等。本章将主要阐述两类机器学习经典代表算法的基本思想、优缺点和适用场景。

4.2 有监督学习算法

4.2.1 线性回归

线性回归是指通过大量历史观测数据,找到数据 y 与 n 维数据 $(x_1,x_2,\cdots,x_i,\cdots x_n)$ $(1\leqslant i\leqslant n)$ 之间的规律所在,得到比较符合事物内部规律的线性回归表达式:

$$y=\sum_{i=1}^{n}w_ix_i+b \tag{4-1}$$

输入已知数据 $(x_1,x_2,\cdots,x_i,\cdots,x_n)(1\leqslant i\leqslant n)$,利用得出的线性回归表达式,求解得到未知的结果 y。例如,利用线性回归方法建立发动机状态参数排气温度与其他发动机参数的数学表达式,从而根据已有测量数据,预测发动机排气温度,根据预测值与真实值的对比,实现对发动机状态的监控。

狭义的"线性"是指两个变量之间的关系是一次函数,图像是直线,所以称为线性关系。广义的"线性",是指数据与数据之间的关系。回归是指通过多次的测量值,用一个函数去逼近真实值,即通过大量的历史数据可以预测到未来数据。

线性回归的优点:结果易于理解,计算相对简单。线性回归的缺点:对非线性数据拟合不好,适用于数值型和标称型数据。

4.2.2 逻辑回归

逻辑回归(Logistic Regression)与线性回归类似,是将输入数据 $(x_1,x_2,\cdots,x_i,\cdots,x_n)$ $(1\leqslant i\leqslant n)$ 特征映射到 y(0 或 1),将输入数据与预测结果之间的关系构建一个函数,预测结果只能有两个可能的值,可用于解决二分类问题。利用构建的函数实现对新的样本的分类,即输入特征 X,判别它应该是属于哪个类别(0 还是 1)。判别步骤为:首先构建 z 与输入特征 X 之间的函数关系,然后利用 Sigmoid 函数:

$$g(z)=\frac{1}{1+\mathrm{e}^{-z}} \tag{4-2}$$

将 y 的值映射到 0 或 1。

逻辑回归的优点:实现简单,计算量小,速度快,存储资源需求低。逻辑回归的缺点:容易欠拟合,一般准确率不太高,其次标准逻辑回归只能处理两分类问题,且必须线性可分。适用于数值型和标称型数据的二分类问题。

4.2.3 决策树

决策树(Decision Tree)是一种通过构建树结构进行辅助决策的分类方法,决策过程分为 3 步：首先是特征选择，然后利用带有标签的样本数据生成决策树，最后利用生成决策树基于特征对数据进行分类。

用决策树分类是从根节点开始，对实例的某一特征进行测试，根据测试结果将实例分配到其子节点，此时每个子节点对应着该特征的一个取值，如此递归地对实例进行测试并分配，直到到达叶节点，最后将实例分到叶节点的类中。决策树的构建目标是能够基于选择特征对数据进行正确分类。决策树的构造步骤如下。

（1）构建根节点，将所有训练数据都放在根节点，选择一个最优特征，按照这一特征将训练数据集分割成子集，使得各个子集有一个在当前条件下最好的分类。

（2）如果这些子集已经能够被基本正确分类，那么构建叶节点，并将这些子集分到所对应的叶节点去。

（3）如果还有子集不能够被正确的分类，那么就对这些子集选择新的最优特征，继续对其进行分割，构建相应的节点，如此递归进行，直至所有训练数据子集被基本正确分类，或者没有合适的特征为止。

（4）每个子集都被分到叶节点上，即都有了明确的类，这样就生成了一棵决策树。

决策树学习的算法是一个递归地选择最优特征，并根据该特征对训练数据进行分割，使得各个子数据集有一个最好的分类的过程。决策树的优点是计算复杂度不高，输出结果易于理解，对中间值的缺失不敏感，可以处理不相关特征数据。其缺点是可能会产生过度匹配的问题。

4.2.4 支持向量机

支持向量机（Support Vector Machine，SVM）是一种对数据进行二元分类的广义线性分类器，利用学习样本求解得到的最大间隔超平面实现分类。最大间隔超平面的求解问题可通过转换为一个求解凸二次规划的问题进行求解。下面举个简单的例子说明支持向量机的工作原理。如图 4.1 所示的二维平面上有两种不同的数据，分别用圆圈和叉表示，从图中可以看出，这些圆圈和叉的数据可以通过一条直线分隔开，所以这些数据是线性可分的，这条直线就相当于一个超平面，超平面每一边的数据分别对应一个类别。

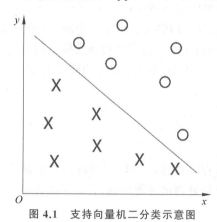

图 4.1 支持向量机二分类示意图

支持向量机的优点：一是它可以解决小样本情况下的机器学习问题，简化了通常的分类和回归问题；二是由于采用核函数方法克服了维数灾难和非线性可分的问题，适用于高维空间的数据分类问题；三是支持向量机算法利用松弛变量可以允许一些点到分类平面的距离不满足原先要求，从而避免这些点对模型学习的影响。

支持向量机的缺点：一是对大规模训练样本训练时间较长，难以实施；二是经典的支持向量机算法只给出了二分类的算法，对于多分类问题解决效果并不理想；三是 SVM 算法效果与核函数的选择关系很大，往往需要尝试多种核函数，即使选择了效果比较好的高斯核函数，也要调参选择恰当的参数。

4.2.5　K 最近邻

K 最近邻算法通过计算未知类别点与已知类别点的距离，求出离未知类别点距离最近的 K 个点，然后找出 K 个点归属类别最多的类别作为未知类别点的类别。其基本工作过程描述如下。

输入：已知类别数据所有点构成的集合 M，未知类别数据点 A。

输出：数据点 A 所属类别。

计算步骤：

(1) 计算已知类别数据集合 M 中所有点与未知类别数据集合中某个点 A 的距离。

(2) 将集合 M 中所有点按照与点 A 的距离从小到大排序，排序后的点构成新的序列记为 N。

(3) 选取序列 N 中的前 K 个点，计算此 K 个点的所属类别出现频率。

(4) 将 K 个点的所属类别出现频率最高的作为数据点 A 的类别。

从 K 最近邻优化算法的工作原理来看，影响其预测精度的有 3 个因素：一是已知类别数据集合 M 的规模，规模越大预测精度相对越准一些；二是 K 值的选取，K 值选取不同预测结果可能也不同；三是距离度量方法的选择也会影响预测结果。

K 最近邻算法的优点：一是简单直观，易于理解和实现；二是不对数据的分布做任何假设，适用于各种数据类型和分布形状；三是对异常值不敏感；四是适用范围广，适用于多分类、二分类和回归问题。

K 最近邻算法的缺点：一是计算复杂度高，在进行预测时需要计算测试样本与所有训练样本之间的距离，计算复杂度较高，耗时长；二是内存消耗大，需要存储所有的训练样本，当训练集规模较大时，会占用较大的内存空间；三是特征权重不平衡，算法对所有特征的权重都一样，可能忽略了一些对分类或回归更重要的特征。

4.3　无监督学习算法

4.3.1　聚类算法

聚类分析是指依据特征指标将数据样本分为不同的类，同一类中的数据差异相对小，而不同类中的数据差异相对大。聚类和分类不同,分类是一种有监督学习,聚类是一种无监督学习,二者最主要的区别是聚类的样本没有类标号,而分类的样本具有类标号。分类具有训练集和测试数据,而聚类没有训练,是通过观察学习。较典型的聚类算法,如 K-Means 聚类,算法的具体步骤如下。

(1) 随机选择 K 个点作为中心点,将所有数据点分为 K 个簇。分簇的方法:计算每个数据点到 K 个中心点的距离,将每个数据点分到距离它最小的中心点的簇中。距离可以利用 Euclidean 距离(欧氏距离)或者 cosine 相似性计算。

(2) 对得到的 K 个簇重新计算新的中心点。

(3) 针对新的中心点重复步骤(1),确定新的簇,然后一直重复上述动作直到簇中心不再发生变化,这样就得到 K 个聚类。

K-Means 聚类算法使用平方误差准则来评价聚类性能,每个簇内的点到本簇中心点的距离的平方的和相加最小就代表聚类性能最好。K-Means 聚类的主要优点:一是简单快捷,是解决聚类问题的一种经典算法;二是处理大数据集,该算法相对可伸缩和高效;三是当结果簇密集,它的效果较好。其主要缺点:一是必须事先给出 K(要生成的簇的数目),而且对初始值敏感,对不同的初始值,可能会导致不同的结果;二是不适用于非凸面形状的簇或者大小差别很大的簇;三是由于各簇点的中心基于均值选取,这就造成分类结果对于噪声和孤立点数据敏感。

4.3.2 Apriori 算法

关联规则反映事件之间的关联性,在航空数据挖掘领域中,可反映飞机飞行参数和飞行安全的关联程度。具体定义如下:在航空数据库 D 中包含 n 种飞行状态,每种飞行状态具有唯一性,且相互独立,记为

$$D = \{T_1, T_2, \cdots, T_n\} \tag{4-3}$$

数据库 D 中包含所有的项,记为 I,共有 m 个不同的项:

$$I = \{i_1, i_2, \cdots, i_m\} \tag{4-4}$$

设 A 和 B 分别为飞行状态库 T 中的项集,关联规则可以表示为 $A => B$,其中 $A \subseteq I$,$B \subseteq I$,并且 $A \cap B = \varnothing$,表示事件之间的关联规则主要有以下几个指标。

1. 支持度

表示项集 A 和项集 B 的同时发生占全部数据的百分比,描述了关联规则的重要程度,公式表达式为

$$\text{Support}(A => B) = P(A \cup B) \tag{4-5}$$

2. 置信度

表示已知项集 A 的事务发生,项集 B 的发生占项集 A 的百分比,可以体现关联规则的

正确程度,公式表达式为

$$\text{Confidence}(A=>B)=P(B\,|\,A) \tag{4-6}$$

Apriori 算法是目前解决关联规则问题的常用方法,核心思想是通过迭代法在数据集中筛选符合条件的 K 项频繁集,首先根据设置的最小置信度和最小支持度找到候选 1 项集,然后通过组合,比较组合后的 2 项集支持度与最小支持度的大小,挑选出候选 2 项集,重复上述步骤,最终找到符合要求的 K 项频繁集,具体计算步骤如图 4.2 所示。

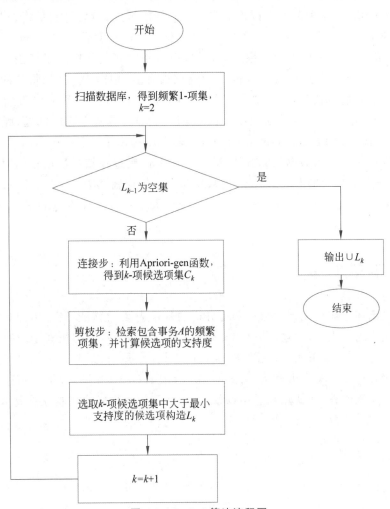

图 4.2 Apriori 算法流程图

经典 Apriori 算法有两个缺陷:一方面连接运算会生成很多潜在频繁项集,给计算带来困难,降低效率;另一方面使用 Apriori 算法需要对数据库进行多趟扫描。

4.3.3 FP-Growth 算法

由于 Apriori 算法的上述缺点，在生成一个较长的关联规则时会产生巨量的中间元素，针对上述情况，提出了基于频繁模式树 FP-Growth 算法。

FP-Growth 算法包含以下几个步骤：首次扫描数据库，将其中的大于或等于最小支持度和最小置信度的频繁集筛选出来，并按降序排列，构成频繁模式树；然后再次扫描数据库，按照数据的实际情况，每个节点进行累加或者开辟新的节点；最后得到最终的频繁模式树，在频繁模式树上找到符合条件的关联规则。相较于 Apriori 算法，FP-Growth 算法只扫描数据库两次，就完成了关联规则挖掘工作，采取以牺牲空间代价提高了算法运行效率的瓶颈。但是 FP-Growth 本身也存在缺陷：一是在挖掘大型数据集时，如果得到的频繁模式树分支很多且分支长度很长时，不仅要占用大量空间，运算效率也会降低；二是算法本身扩展性较差，只能挖掘单维的布尔关联规则。针对 FP-Growth 算法存在的问题，顾军华等在论文《基于 Spark 的并行 FP-Growth 算法优化与实现》中提出了一种 FP-Growth 垂直频繁项集挖掘算法采用垂直布局数据集的方法，减少了每次迭代过程扫描数据集的时间。邵梁等在论文《基于 Spark 框架的 FP-Growth 大数据频繁项集挖掘算法》中提出了一种基于 Spark 平台的 FP-Growth 算法，通过改进频繁模式树规模大小和分区计算量的 F-List 分组策略，使负载可以平均分配到每一个分区，达到算法优化的目的。

4.4 本章小结

本章首先阐述了航空飞行大数据智能分析的基本内涵，然后以最常用的智能分析技术机器学习算法作为切入点，阐述了有监督学习和无监督学习两大类机器学习算法。有监督学习介绍了线性回归、逻辑回归、决策树、支持向量机、K 最近邻等算法，无监督学习介绍了聚类算法 K-Means、关联分析算法 Apriori 算法和 FP-Growth 算法，主要阐述了各种算法的主要思想与实现步骤、优缺点和适用场景，为航空飞行大数据的智能分析应用实践奠定算法基础。

第 2 篇

应用与实践

　　本篇首先介绍如何应用航空飞行大数据的理论与方法解决航空飞行领域的实际问题,具体包括航空飞行器的状态参数异常检测、基于飞行数据的飞行动作自动识别、基于飞行数据的飞行动作质量评价、航空飞行器飞行控制系统状态参数监控、航空飞行器关键飞行参数预测模型、航空飞行四维航迹预测和飞行安全风险融合评估7方面的应用实践;然后,给出航空飞行大数据智能分析系统的设计,为航空飞行器的智能化维修保障提供数据决策支持。

第5章

航空飞行器的状态参数异常检测

5.1　引言

目前,航空飞行器地面监控系统只能对超出阈值范围的参数给以报警,报警之后,留给航空飞行器操控员应急反应处理的时间较短。航空飞行器专家在对航空飞行器事故分析时需要逐段查看飞行曲线查找异常数据,这种方式耗时效率低,亟需一种能在各子系统状态参数超出阈值之前,能自动识别异常变化数据的系统,提早给航空飞行器操控员以异常提示,方便航空飞行安全部门及时处理异常情况,保障飞行安全。

针对航空飞行器智能化异常检测需求,开展基于数据驱动的航空飞行器状态智能监控研究,利用航空飞行器历史飞行数据,设计智能监控算法,监控航空飞行器动力装置、导航子系统、飞行控制子系统和电气子系统4大组成子系统的状态参数的变化情况,识别出飞行数据中的各子系统状态参数的异常变化序列数据,并给以预警提示,为航空飞行器实时操控决策和预防性维修决策提供数据支持,方便机务保障人员及时查找异常原因,避免飞行事故的发生,保证飞行安全。

如何从大量的航空飞行器历史飞行数据中识别出异常序列的数据模式是亟待解决的问题。针对航空飞行器飞行数据缺少标签而且异常数据较少的情况,一种可行的方法是采用无监督机器学习算法。传统的用于异常检测的一类机器学习算法是基于距离的检测算法,如 K-Means 聚类算法,Bay 等采用聚类方法进行航空发动机的异常检测,Budalakoti 等采

用 K-Means 聚类算法进行离散飞行数据的异常检测,该类方法首先计算飞行数据中点之间的距离,然后找出那些离绝大多数点都比较远的点,这些点即确定为异常点。Matthews 等在哥伦比亚号航天飞机灾难的调查中,利用聚类算法监测飞机左翼的温度传感器数据,分析其中的异常飞行模式。这类方法的最大缺点是算法对数据敏感,异常检测效果不稳定。

第二类比较流行的无监督异常检测方法是单类支持向量机(One Class Support Vector Machine,OC-SVM)。OC-SVM 先寻找一个高维核空间中的最优超平面,然后利用超平面分离正常数据和异常数据。Das 等利用 OC-SVM 进行异常检测,Sarah 等利用线性单类支持向量机与深度学习网络结合,进行高维大数据的异常检测,该方法的最大困难是空间内核的构建复杂度比较高,对异常值敏感,异常检测效果同样存在不稳定性。

第三类方法是基于深度学习的算法。利用长短时记忆(Long Short-Term Memory,LSTM)网络捕获数据之间的按照时间顺序的循环依赖关系。在给定的序列长度内,正常数据通常遵循这种依赖关系,而异常数据通常会违反这些依赖关系,使用预测误差来定义数据的异常分数,从而识别出异常数据。丁建立等在论文《基于深度学习的 ADS-B 异常数据监测模型》中提出利用深度学习网络 LSTM 来检测广播式自动相关监视(Automatic Dependent Surveillance Broadcast,ADS-B)时间序列数据中的异常,Weixin Luo 等在论文 *Remembering History with Convolutional LSTM for Anomaly Detection* 中提出利用卷积 LSTM 网络构建异常数据检测模型,该方法的主要问题在于对数据样本敏感,容易产生拟合异常数据的风险。Reddy 等在论文 *Anomaly Detection and Fault Disambiguation in Large Flight Data:A Multi-modal Deep Auto-encoder Approach* 中提出了一种基于自编码器(Auto Encoder,AE)算法飞行数据异常检测方法,AE 是一种前馈多层神经网络,由编码网络和解码网络组成,编码网络将高维数据空间转换为低维空间,解码网络将低维空间恢复数据作为输出,通过最小化重建误差训练编码和解码网络,利用重建误差作为异常判别分数依据,通过异常分数的高低检测异常。Reddy 等通过滑动时间序列窗口划分飞行数据,作为输入向量,利用 AE 算法进行飞行时间序列数据的异常检测。Wang X 等的论文 *adVAE:A Self-adversarial Variational Auto-encoder with Gaussian Anomaly Prior Knowledge for Anomaly Detection*、D. Park 等的论文 *A Multimodal Anomaly Detector for Robot-Assisted Feeding Using an LSTM-Based Variational Auto-encoder* 在 AE 的基础上引入了变分自编码器(Variational Auto Encoder,VAE)的概念,将变分与深度学习结合起来进行异常检测,该方法应用在异常检测问题上的主要困难在于确定低维空间的维度,存在偏差,有变分下界,不能很好地捕获样本的数据模式。

生成性对抗网络(Generative Adversarial Nets,GAN)是另一种深度学习生成模型,该模型由用于捕获正常样本数据分布的生成网络和用于估计样本异常概率的判别网络两部分组成。相比 VAE 方法,GAN 是渐进一致的,没有变分下界。近年来,GAN 在异常检测中应用越来越广泛。

本章首先针对航空飞行器的状态参数异常检测问题进行建模;然后针对问题,设计一种基于 LSTM-GAN 组合网络的异常检测模型;最后,利用美国明尼苏达大学航空飞行器实验室共享的飞行数据集状态监控参数进行验证实验,验证模型的有效性。

5.2 问题建模

航空飞行器状态参数的监控问题是指通过分析历史飞行数据,发现其中与期望不符的异常数据模式。按照飞行数据异常发生时间的范围,飞行数据的异常分为瞬时异常和序列异常。飞行数据的瞬时异常是指在某个时间点出现的单个异常点或者某一短暂时间出现的异常点。最基本的飞行数据的瞬时异常检测方法是基于数据标准值范围的异常检测,通过比较各个参数值与相应的标准数值范围查找异常。这种方法简单,但是不能发现飞行数据的序列异常。飞行数据的序列异常是指在某段飞行时间内,飞行数据存在异常模式的子序列。如图 5.1 所示为某航空飞行器 6 个架次平飞巡航时高度变化曲线,从图中可以看出,flight 1~flight 4 的航空飞行器都在高度 270~360m 巡航平飞,而 flight 5 在时刻点 730~790 高度发生突变,flight 6 在时刻点 1300~1700 变为 400m 左右的飞行高度,这两处的飞行数据都属于高度异常序列数据,其产生原因可能是 GPS 信号发生错误或者高度传感器发生故障。

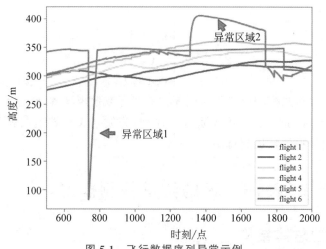

图 5.1 飞行数据序列异常示例

飞行数据异常检测问题就是从基于时间序列的飞行数据中找出异常序列数据集合。因此,模型的输入为基于时间序列的飞行数据,n 个状态参数记为 $v_1, v_2, \cdots, v_n$,m 个时刻点记为 $t_1, t_2, \cdots, t_m$,则 n 个状态参数在 m 个时刻点的监测值记作矩阵 X:

$$\boldsymbol{X} = \begin{matrix} \overset{v_1}{} & \overset{v_2}{} & \cdots & \overset{v_k}{} & \cdots & \overset{v_n}{} \\ \begin{bmatrix} x_{11} & x_{12} & \cdots & x_{1k} & \cdots & x_{1n} \\ x_{21} & x_{22} & \cdots & x_{2k} & \cdots & x_{2n} \\ \vdots & \vdots & \ddots & \vdots & \ddots & \vdots \\ x_{i1} & x_{i2} & \cdots & x_{ik} & \cdots & x_{in} \\ \vdots & \vdots & \ddots & \vdots & \ddots & \vdots \\ x_{m1} & x_{m2} & \cdots & x_{mk} & \cdots & x_{mn} \end{bmatrix} & \begin{matrix} t_1 \\ t_2 \\ \vdots \\ t_i \\ \vdots \\ t_m \end{matrix} \end{matrix} \tag{5-1}$$

式中，$(x_{i1},x_{i2},\cdots,x_{ik},\cdots,x_{in})$记作 $\boldsymbol{X}_i(i=1,2,\cdots,m)$，表示 n 个状态参数 $v_1,v_2,\cdots,$ $v_k,\cdots,v_n$ 在时刻点 t_i 的监测值，$x_{ik}(k=1,2,\cdots,n)$ 表示 t_i 时刻航空飞行器传感器采集得到的状态参数 v_k 的监测值。

飞行数据异常检测模型的输出为 n 个状态参数 $v_1,v_2,\cdots,v_k,\cdots,v_n$ 的异常数据序列集合 $A=\{A_{v_1},A_{v_2},\cdots,A_{v_k},\cdots,A_{v_n}\}$，其中，状态参数 v_k 的 p 段异常数据序列可表示为集合 A_{v_k}：

$$A_{v_k} = \{A_{v_k,1}^{\text{seq}}, A_{v_k,2}^{\text{seq}}, \cdots, A_{v_k,p}^{\text{seq}}\} \tag{5-2}$$

式中，$A_{v_k,j}^{\text{seq}}(j=1,2,\cdots,p)$ 表示一段连续时刻点 $t_a,t_{a+1},\cdots,t_{a+b}$ 的异常数据序列，表示为向量 $\boldsymbol{A}_{v_k,j}^{\text{seq}}$：

$$\boldsymbol{A}_{v_k,j}^{\text{seq}} = \begin{matrix} \overset{v_k}{} \\ \begin{bmatrix} x_{a,k} \\ x_{a+1,k} \\ \vdots \\ x_{a+b,k} \end{bmatrix} \end{matrix} \begin{matrix} t_a \\ t_{a+1} \\ \vdots \\ t_{a+b} \end{matrix} \tag{5-3}$$

飞行数据的异常检测模型以基于时间序列的飞行数据矩阵 $\boldsymbol{X}$ 为输入，以异常序列集合 A 为输出，构建异常检测算法，正确识别异常序列，为航空飞行器实时操控决策、各组成部件的预防性维修决策提供数据支持。

5.3 基于 LSTM-GAN 的异常检测模型

5.3.1 模型总体结构

基于 LSTM-GAN 进行飞行数据异常检测的模型结构如图 5.2 所示，由模型训练和异常检测两部分组成。模型训练过程包括生成网络（Generative Nets，GN）和判别网络（Discriminate Nets，DN）的训练，GN 以随机生成的噪声时间序列 Z 为输入，目标是尽可能伪装成真实的飞行数据时间序列以欺骗判别网络，判别网络以真实飞行数据训练样本为输人,尽可能辨别出真实飞行数据和随机噪声数据,GAN 的训练过程即为 GN 和 DN 不断博弈的过程,直至达到纳什均衡,得到的 GAN 网络中的 GN 将捕获训练序列的隐藏多元分布,DN 也被训练成高灵敏度地检测异常数据。异常检测部分以真实飞行数据测试样本 XTest 为输入,利用训练好的 GN 计算测试样本的重构损失(Reconstruction Loss,RL),判别网络计算测试样本的判别损失(Discrimination Loss,DL),两部分相结合计算异常分数,根据异常分数判定是否为异常数据序列。

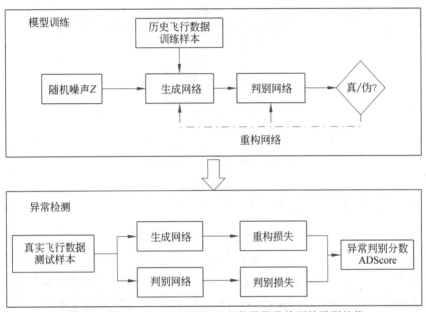

图 5.2　基于 LSTM-GAN 进行飞行数据异常检测的模型结构

5.3.2　模型训练结构

LSTM-GAN 模型训练结构包括 GN 和 DN 两部分,模型具体组成如图 5.3 所示。GN 建立两个映射函数 $G_1: X \rightarrow Z$ 和 $G_2: Z \rightarrow X$,函数 G_1 是将真实飞行数据训练样本 X 进行编码降维到潜在空间 Z,函数 G_2 是将潜在空间 Z 生成随机时间序列数据 X。其中,Z 服从多元正态分布,即 $Z \sim N(0,1)$,利用映射函数 G_1 和 G_2 实现时间序列数据 X 的重构,即

$$\forall X_i \in X, \quad X_i \rightarrow G_1(X_i) \rightarrow G_2(G_1(X_i)) = \hat{X}_i \qquad (5\text{-}4)$$

DN 建立两个判别函数 $D_x: X \rightarrow P$ 和 $D_z: Z \rightarrow P$,D_x 判定给定的样本 X 是真实数据样本的概率为 P,其目标是尽可能区分真实数据样本和 G 生成的随机数据样本;D_z 判定给定的向量 Z 是由真实数据样本编码得到的概率为 P,其目标是尽可能区分真实样本编码得到

的潜在向量和随机数据样本。为了避免网络拟合异常数据风险,网络中引入掩蔽 Mask 层和 Dropout 层,随机对神经元进行遮蔽和丢弃,提高训练网络的稳定性。

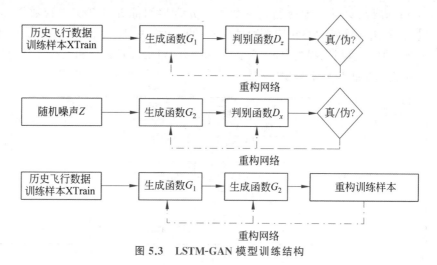

图 5.3　LSTM-GAN 模型训练结构

5.3.3　模型基础网络结构

异常检测算法的基础网络是 LSTM,该网络是在递归神经网络(Recurrent Neural Network,RNN)基础上发展而来的。RNN 网络组成结构如图 5.4 所示,通常由输入层、多层隐藏层和输出层组成,网络从输入层输入数据,并将数据信息传递给隐藏层,同一隐藏层中的节点进行信息传递从而构成循环学习,利用大量输入数据和输出数据训练网络,调整各层网络节点权重和偏置量,从而构建适应训练数据的网络模型。RNN 是一类专门用于处理和预测时间序列数据的神经网络,但经常出现梯度消失情况,偶尔发生梯度爆炸。为避免 RNN 的梯度消失和梯度爆炸问题,LSTM 网络被提出。

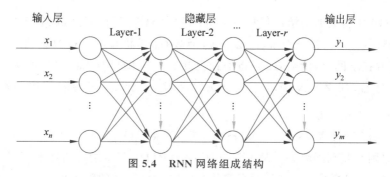

图 5.4　RNN 网络组成结构

LSTM 网络将 RNN 隐藏层的每节点神经元之间构建 3 个门——遗忘门 f、输入门 i 和

输出门 o,通过门结构控制信息在网络中的状态,3 个门组成的记忆单元如图 5.5 所示。在时间步 t 时,LSTM 隐藏层的输入向量为 $\boldsymbol{x}_t$,输出向量为 $\boldsymbol{h}_t$,记忆单元为 c_t。

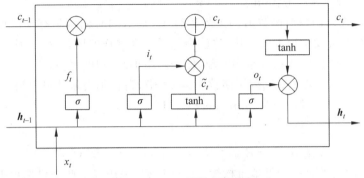

图 5.5 LSTM 网络门结构图

遗忘门:

$$f_t = \sigma(W_{xf}\boldsymbol{x}_t + W_{hf}\boldsymbol{h}_{t-1} + b_f) \tag{5-5}$$

输入门:

$$i_t = \sigma(W_{xi}\boldsymbol{x}_t + W_{hi}\boldsymbol{h}_{t-1} + b_i) \tag{5-6}$$

$$\widetilde{c}_t = \tanh(W_{xc}\boldsymbol{x}_t + W_{hc}\boldsymbol{h}_{t-1} + b_c) \tag{5-7}$$

$$c_t = f_t \otimes c_{t-1} + i_t \otimes \widetilde{c}_t \tag{5-8}$$

输出门:

$$o_t = \sigma(W_{xo}\boldsymbol{x}_t + W_{ho}\boldsymbol{h}_{t-1} + b_o) \tag{5-9}$$

$$h_t = o_t \otimes \tanh(c_t) \tag{5-10}$$

其中,$\otimes$ 表示向量元素对应乘。tanh 是双曲正切函数,通过记忆单元和门控单元实现历史信息和长期状态的保存,通过遗忘门使得 LSTM 能够学习连续任务,并对内部状态进行重置。

5.3.4 模型目标损失函数

经典 GAN 的损失函数采用 Wasserstein 对抗损失(以下 log 函数的底数是 2,后同):

$$\text{WL} = E_{x \sim P_X}[\log D_x(x)] + E_{z \sim P_Z}[\log(1 - D_x(G_2(z)))] \tag{5-11}$$

利用 Wasserstein 损失函数作为训练模型的目标损失函数存在梯度爆炸的风险,为了避免该问题,在训练判别网络时,利用 Wasserstein 距离设计目标损失函数。

对于生成函数 $G_1 : X \to Z$ 和判别函数 $D_z : Z \to P$,目标损失函数设定为

$$\min_{G_1} \max_{D_z \in \boldsymbol{D}_z} V_Z(D_z, G_1) \tag{5-12}$$

其中:

$$V_Z(D_z,G_1)=E_{x\sim P_X}[D_z(G_1(x))]-E_{z\sim P_Z}[D_z(z)] \tag{5-13}$$

D_z 表示 1-Lipschitz 连续函数集,即

$$\forall x_1,x_2\in \mathrm{dom}f,\|f(x_1)-f(x_2)\|\leqslant \|x_1-x_2\| \tag{5-14}$$

1-Lipschitz 连续函数对函数值的上界进行了约束,同时函数具有平滑性,由此可以使网络权重的更新不会发生很大的变化,这就降低了梯度爆炸的风险,生成时间序列数据样本的分布与真实飞行数据的数据分布相匹配,使得网络训练更加稳定可靠。

对于生成函数 $G_2:Z\rightarrow X$ 和判别函数 $D_x:X\rightarrow P$,目标损失函数设定为

$$\min_{G_2}\max_{D_x\in \boldsymbol{D}_x}V_X(D_x,G_2) \tag{5-15}$$

其中:

$$V_X(D_x,G_2)=E_{x\sim P_X}[D_x(x)]-E_{z\sim P_Z}[D_x(G_2(z))] \tag{5-16}$$

训练 GAN 的目的是能较好地重构输入时间序列,采用以上两个目标损失函数,映射函数的搜索空间很大,为了缩小搜索空间,引入循环一致性损失函数,如下式所示:

$$V_{L2}(G_1,G_2)=E_{x\sim P_X}[\|x-G_2(G_1(x))\|_2] \tag{5-17}$$

其中,$\|\cdot\|_2$ 表示原始样本 x 与重构样本 $\hat{x}$ 差的 L2 范数。

综合式(5-13)、式(5-16)和式(5-17),得到 GAN 的目标损失函数为

$$\min_{\{G_1,G_2\}}\max_{\{D_z\in \boldsymbol{D}_z,D_x\in \boldsymbol{D}_x\}}V_Z(D_z,G_1)+V_X(D_x,G_2)+V_{L2}(G_1,G_2) \tag{5-18}$$

5.3.5 模型算法描述

基于 LSTM-GAN 网络的异常检测算法描述如下。

1. 算法输入

真实航空飞行器历史飞行数据样本 $X=\{X_1,X_2,\cdots,X_t\}$,其中,$X_i=(x_{i1},x_{i2},\cdots,x_{ik},\cdots,x_{in})(i=1,2,\cdots,m)$ 表示 n 个状态参数 $v_1,v_2,\cdots,v_k,\cdots,v_n$ 在时刻点 t_i 的监测值,$x_{ik}(k=1,2,\cdots,n)$ 表示 t_i 时刻传感器采集得到的变量 v_k 的监测值。

2. 算法输出

状态参数 $v_1,v_2,\cdots,v_k,\cdots,v_n$ 的异常数据序列集合 $A=\{A_{v_1},A_{v_2},\cdots,A_{v_k},\cdots,A_{v_n}\}$。

3. 算法步骤

步骤 1 数据预处理,主要包括噪声平滑、空缺值填补、数据归一化、划分数据集,使用滑动窗口将训练样本 XTrain 划分为子序列,滑动窗口大小设为 m,则训练样本序列分解为

$$X_{1\sim m},X_{m+1\sim 2m},\cdots,X_{(n-1)m+1\sim nm}$$

其中:

$$X_{1\sim m}=\{X_1,X_2,\cdots,X_m\}$$
$$X_{m+1\sim 2m}=\{X_{m+1},X_{m+2},\cdots,X_{2m}\}$$

$$\vdots$$
$$X_{(n-1)m+1\sim nm} = \{X_{(n-1)m+1}, X_{(n-1)m+2}, \cdots, X_{nm}\}$$

步骤 2 随机生成服从正态分布的噪声序列 Z，每组序列长度也为 m，即

$$Z_{1\sim m}, Z_{m+1\sim 2m}, \cdots, Z_{(n-1)m+1\sim nm}$$

其中：

$$Z_{1\sim m} = \{Z_1, Z_2, \cdots, Z_m\}$$
$$Z_{m+1\sim 2m} = \{Z_{m+1}, Z_{m+2}, \cdots, Z_{2m}\}$$
$$\vdots$$
$$Z_{(n-1)m+1\sim nm} = \{Z_{(n-1)m+1}, Z_{(n-1)m+2}, \cdots, Z_{nm}\}$$

步骤 3 训练 GAN。

置迭代次数 i 的初始值为 1。

当迭代次数 $i<$ 最大迭代次数，重复以下操作。

真实训练样本 X 生成潜在空间：$X_{\text{Train}}L = G_1(X_{1\sim m}, X_{m+1\sim 2m}, \cdots, X_{(n-1)m+1\sim nm})$。

重构真实训练样本 X：$G_2(X_{\text{Train}}L)$。

随机噪声 Z 生成伪时间序列数据 $ZS = G_2(Z_{1\sim m}, Z_{m+1\sim 2m}, \cdots, Z_{(n-1)m+1\sim nm})$。

判别 $D_Z(X_{\text{Train}}L)$。

判别 $D_X(ZS)$。

依据目标损失函数

$$\min_{\{G_1, G_2\}} \max_{\{D_z \in \boldsymbol{D}_z, D_x \in \boldsymbol{D}_x\}} V_Z(D_z, G_1) + V_X(D_x, G_2) + V_{\text{L2}}(G_1, G_2)$$

调整网络。

记录生成网络和判别网络的权重和偏置。

迭代次数 i 增 1。

步骤 4 异常检测。

使用滑动窗口将测试样本 XTest 划分为子序列，滑动窗口大小为 m，则测试样本序列分解为 $X_{1\sim m}, X_{m+1\sim 2m}, \cdots, X_{(k-1)m+1\sim km}$。

真实测试样本 X 生成潜在空间：$X_{\text{Test}}L = G_1(X_{1\sim m}, X_{m+1\sim 2m}, \cdots, X_{(k-1)m+1\sim km})$。

重构测试样本 X：$\hat{X}_{\text{Test}} = G_2(X_{\text{Test}}L)$。

计算重构损失 $\text{RL}_{\text{Test}} = E_{x\sim P_X}\left[\|X_{\text{Test}} - \hat{X}_{\text{Test}}\|_2\right]$。

计算判别损失 $\text{DL}_{\text{Test}} = D_Z(X_{\text{Test}}L)$。

计算异常分数 $\text{ADScore} = \alpha \text{RL}_{\text{Test}} + (1-\alpha)\text{DL}_{\text{Test}}$。

依据异常分数输出异常飞行数据序列：$A = \{A_1^{\text{seq}}, A_2^{\text{seq}}, \cdots, A_m^{\text{seq}}\}$。

5.4 模型验证与结果分析

5.4.1 验证实验设计

1. 实验内容

为了评估 LSTM-GAN 异常检测模型的性能,使用明尼苏达大学的公开数据集进行实验。首先通过网络损失值的变化验证目标损失函数设定的合理性;然后,进行异常检测算法性能对比实验,与常见的异常检测算法 K-Means、OC-SVM、LSTM 和 Auto-Encoder 进行性能比较。通过公开数据集,验证算法的合理性和有效性。

2. 评估指标

为全面评估所提算法的异常检测性能,实验采用准确率(Accuracy,Acc)、精确率(Precision,Pre)、召回率(Recall,Rec)和 F_1 分数 4 个异常检测评估指标,计算公式分别如式(5-19)~式(5-22)所示。

$$Acc = \frac{TN + TP}{TN + TP + FN + FP} \tag{5-19}$$

$$Pre = \frac{TP}{TP + FP} \tag{5-20}$$

$$Rec = \frac{TP}{TP + FN} \tag{5-21}$$

$$F_1 = \frac{2 \times Pre \times Rec}{Pre + Rec} \tag{5-22}$$

对应混淆矩阵如表 5.1 所示。

表 5.1 混淆矩阵

检 测 结 果	实 际 情 况	
	正 常 样 本	异 常 样 本
正常样本	真正例数 TP	假正例数 FP
异常样本	假反例数 FN	真反例数 TN

其中,TP 表示真正例数,即实际情况和检测结果都是正常样本;FP 表示假正例数,即实际情况为异常样本而检测结果为正常样本;TN 表示真反例数,表示实际情况和检测结果都为异常样本;FN 表示假反例数,表示实际情况为正常样本而检测结果为异常样本。

准确率是指模型检测正确的样本个数占总样本的比例,是衡量模型对整体样本判断正确的能力指标,准确率越高则模型检测效果相对越好,但对于正常样本多、异常样本少的数据分布不平衡情况,正常样本类别会主导准确率的计算,所以还需其他指标综合评判;精确率是指模型检测正确的正常样本占所有检测为正常样本数的比例,是衡量模型正确检测正样本精度的能力指标;召回率是指模型检测正确的正常样本占所有的正常样本数的比例,是衡量模型检测正样本全度的能力指标;理想状况下,精确率和召回率两者越高越好,但实际情况是两者相互制约,精确率高则召回率就低,为了衡量模型精确率和召回率平衡后的能力引入 F_1 分数,值越大越好。

3. 实验数据

为了评估提出模型的异常检测性能,选取美国明尼苏达大学航空飞行器实验室共享飞行数据作为实验数据,该数据是该实验室固定翼 Thor 型航空飞行器的真实飞行数据,实验选取了六架次飞行数据集,数据集的详细信息如表 5.2 所示。将 flight 97、flight 98 和 flight 104 三架次的正常样本数据作为深度学习训练网络的输入,训练异常检测模型,将 flight 111、flight 112 和 flight 121 三架次的异常导航高度数据样本作为测试数据,以评价模型的异常检测性能。

表 5.2　实验数据集相关信息一览表

序号	数据集名称	样本数	异常序列区间	异常样本数
1	flight 97	14794	无	无
2	flight 98	21015	无	无
3	flight 104	25836	无	无
4	flight 111	13327	$[740,1842]$ $[3340,3387]$ $[4967,5035]$	1220
5	flight 112	10646	$[1316,1740]$	425
6	flight 121	27097	$[3558,3881]$	324

表 5.2 中六飞行架次的导航高度随时间的变化曲线如图 5.6 所示。从图中可以看出 flight 97、flight 98 和 flight 104 三架次导航高度的变化都是一条相对平稳的曲线,说明三者的导航高度都属于正常时序;而 flight 111 的曲线出现 3 次高度跳变,说明 flight 111 导航高度有 3 段异常序列,分别在时刻点区间$[740,1842]$、$[3340,3387]$ 和$[4967,5035]$;flight 112 的曲线在时刻点区间$[1316,1740]$ 和 flight 121 的曲线在时刻点区间$[3558,3881]$ 都出现一段凸起,说明两者的导航高度都存在一段异常序列,这些异常可能是由于 GPS 出现误差或者导航滤波器出现故障导致的。

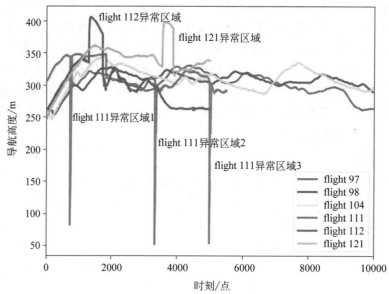

图 5.6　六架次导航高度变化曲线

4. 实验环境

实验环境配置如下：硬件配置（Intel Core i7-8550h 处理器，32GB 内存），软件配置（Windows 系统，PyCharm 开发环境，TensorFlow＋Keras），采用 Python 编程语言。

5. LSTM-GAN 网络配置

深度学习网络的训练效果与网络参数的设置有关，所以需要不断调整网络参数以提高网络学习效果。调参的目的主要有 3 个：一是避免网络训练时出现错误；二是提高网络训练准确率；三是避免网络训练出现过拟合。为达到这 3 个目的，网络调参原则包括两方面：一是当网络欠拟合时，增加网络层数，降低学习率，优化数据集，增加网络的非线性度，增大批量数据大小，增加迭代次数；二是当网络过拟合时，降低网络层数，添加 Dropout 层，适当降低学习率，丰富数据集，适当减少迭代次数，增大数据量。

基于网络调参原则，LSTM-GAN 网络中的生成网络（GN）采用深度为 20 的双向LSTM，设置 50 个隐藏单元，判别网络采用深度为 20 的双向 LSTM 网络，设置 50 个隐藏单元。小批处理数据量为 100，进行 2000 次迭代，网络学习率设为 0.001，优化器选择 Adam，激活函数选择 ReLU，训练网络模型。采用滑动窗口方法将原始时间序列细分为更小的时间序列，时间窗口的长度的设定影响着算法性能，实验测试了不同窗口长度下的算法性能。潜在空间的维度设置为 20。网络中引入掩蔽 Mask 层和 Dropout 层，随机对神经元进行遮蔽和丢弃，提高训练网络的稳定性。

5.4.2 实验结果分析

1. 目标损失函数设定

两个判别损失函数 V_x、V_z，一个重构损失函数 V_{L2}，以及整个网络的目标损失函数值 LSTM-GAN，随着网络迭代次数的变化如图5.7所示。

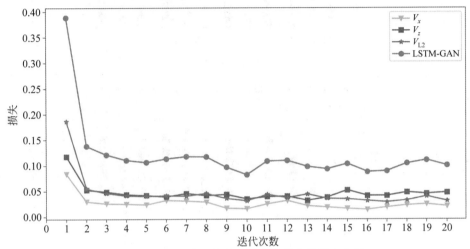

图 5.7 目标损失函数值随网络迭代次数的变化图

从图5.7中可以看出，从第2次迭代网络损失值迅速下降到0.15以下，后续迭代中，目标损失函数值的下降都相对稳定，这说明在3个损失函数的共同作用下，循环异常检测网络更加稳定，有效避免了网络的梯度爆炸情况，使得 LSTM-GAN 网络的异常检测性能更加稳定。

2. 异常检测算法性能对比

分别采用 K-Means、OC-SVM、LSTM、Auto-Encoder、LSTM-GAN 异常检测算法识别 flight 111、flight 112 和 flight 121 飞行架次的导航高度数据中的异常序列，各种算法的异常检测性能指标如图5.8所示，其中的"平均值"是指将三架次的对应指标值求平均得到的值。

从准确率指标来看，LSTM-GAN 的每个架次的异常检测准确率最高，平均准确率也是最高的，约为88.8%，比 Auto-Encoder 约高2.9%，比 LSTM 约高2.6%，比 K-Means 约高5.1%。LSTM-GAN 在识别 flight 121 的异常序列中准确率达到95.6%。OC-SVM 的平均准确率最低，只有11.9%，低于60%，未在图中显示。

从精确率指标来看，LSTM-GAN 的平均精确率最高，约为90%，比 LSTM 约高2.3%，比 Auto-Encoder 约高2.2%，比 K-Means 约高2.1%。LSTM-GAN 识别 flight 121 的异常序列中精确率达到96.4%，OC-SVM 的精确率最低，其中在 flight 111 架次异常检测中，TN

为 0 且 FP 为 0,导致精确率无法求解。

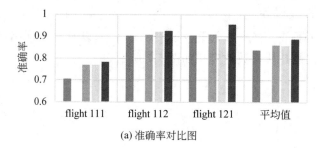

(a) 准确率对比图

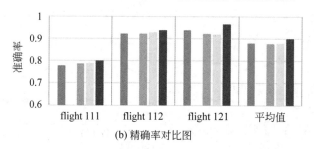

(b) 精确率对比图

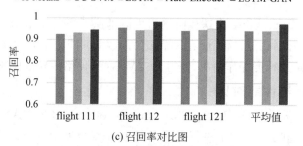

(c) 召回率对比图

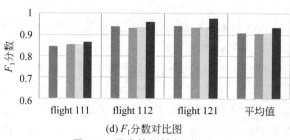

(d) F_1分数对比图

图 5.8　异常检测性能对比图

从召回率指标来看,LSTM-GAN 的平均召回率最高,约为 97.3%,比 LSTM 约高 3.3%,比 Auto-Encoder 约高 2.9%,比 K-Means 约高 3.2%。LSTM-GAN 识别 flight 121 的异常序列中召回率达到 98.9%。OC-SVM 的召回率最低,其中在识别 flight 111 异常序列中,TN 为 0 且 FP 为 0,导致精确率无法求解,未在图中出现。

从 F_1 分数指标来看,LSTM-GAN 的平均 F_1 分数最高,约为 93.5%,比 LSTM 约高 2.8%,比 Auto-Encoder 约高 2.5%,比 K-Means 约高 2.6%。LSTM-GAN 识别 flight 121 的异常序列中 F_1 分数达到 97.7%。OC-SVM 的 F_1 分数最低,低于 60%,未在图中出现。

从以上实验结果来看,LSTM-GAN 的 4 个指标值都是最高的,比 LSTM、Auto-Encoder 和 K-Means 高 2%~5%。这是由于 LSTM-GAN 结合了 LSTM、GAN 两者的优势,并通过网络目标函数的设定,提高了网络的稳定性和异常检测性能。实验结果表明,本书提出的 LSTM-GAN 异常检测算法,比目前流行的基于距离的异常检测 K-Means 算法、基于 SVM 的 OC-SVM 算法、基于深度学习的 LSTM 和 Auto-Encoder 异常检测的准确率、精确率、召回率和 F_1 分数都高,说明基于 LSTM-GAN 算法的异常检测性能好,同时算法设计的两个判别损失函数和一个重构损失函数组合构成的网络训练模型的目标损失函数,有效避免了网络出现梯度爆炸的问题。

分别采用 K-Means、OC-SVM、LSTM、Auto-Encoder、LSTM-GAN 异常检测算法识别 flight 111、flight 112 和 flight 121 飞行架次的导航高度数据中的异常序列,各种算法的单条数据平均检测用时为 1~4ms,深度学习网络算法的检测时间要比 K-Means 高,LSTM-GAN 由于网络结构复杂,所以比 LSTM 和 Auto-Encoder 的单条数据平均检测时间要多 1~2ms,这个差值也与机器性能有关,机器性能越高则这个差值会越小,后期可以在算法的耗时上进行研究,以降低算法的时间复杂度。

5.5　本章小结

为了提升现有航空飞行器飞行数据异常检测能力,针对航空飞行器飞行数据样本无标签且数据分布不平衡的特点,提出一种基于 LSTM-GAN 的异常检测算法。首先,构建了航空飞行器飞行数据无监督异常检测的问题模型;然后针对问题模型,设计了异常检测算法的总体架构、训练模型和目标函数;最后采用美国明尼苏达大学 UAV 实验室共享的航空飞行器数据集对提出的算法和其他典型的异常检测算法——K-Means 方法、支持向量机方法、自编码网络算法和长短时记忆网络算法进行性能比较。

本章针对航空飞行器异常检测的智能化需求,基于航空飞行器状态智能监控的内涵,提出了基于单参数异常检测的航空飞行器状态智能监控模型,主要研究成果如下:

(1) 在航空飞行器异常检测的智能化需求基础上,分析了当前异常检测的 3 类主要方法,指出了 3 类方法对于分析航空飞行器飞行数据存在的问题,针对问题引出解决思路。

（2）定义了异常检测的内涵，结合其内涵构建了航空飞行器状态智能监控问题的数学模型，指出了问题的输入和输出，为后面的算法建立了问题模型。

（3）针对航空飞行器的状态参数异常检测问题，提出了一种基于 LSTM-GAN 的单参数无监督异常检测模型。该模型以 GAN 为总体框架，设计了生成网络、判别网络和重构网络 3 组网络来循环构建正常样本的数据模式，通过生成网络分别与判别网络之间的博弈，有效避免了网络对数据敏感和拟合异常数据的风险。同时，模型设计了判别损失和重构损失组合的损失函数，有效避免了网络的梯度爆炸情况，使得 LSTM-GAN 网络的异常检测性能更加稳定。模型以 LSTM 作为基础网络，能有效捕获到飞行数据之间潜在交互作用和时间相关性。

（4）利用美国明尼苏达大学 UAV 实验室共享的飞行数据进行了验证实验，实验结果表明，LSTM-GAN 的 4 个指标值最高，其中准确率比 Auto-Encoder 约高 2.9%，比 LSTM 约高 2.6%，比 K-Means 约高 5.1%，验证了模型的有效性。

第6章

基于飞行数据的飞行动作自动识别

6.1 引言

随着电子信息技术、自动化技术、计算机科学与人工智能等技术的飞速发展,飞行训练实施过程中飞行质量的自动化评估需求越来越迫切。要开展飞行质量的自动化评估,首先要进行飞行动作的自动化识别。谢川等针对复杂特技飞行动作的识别问题,构建了基于专家知识库和知识推理机的飞行动作识别方法,该识别方法受限于专家知识库;孟光磊等以飞行模拟训练的机动动作对应飞行参数数据为研究对象,构建了机动动作识别的动态贝叶斯网络模型,借助基于网络模型的递归推理的智能方法识别飞行动作;周超等主要针对战术机动动作数据随机性强和长度不一的特点,提出了基于改进动态时间规整算法的飞行动作识别方法,该方法利用飞行动作的不同特征参数设置不同贡献度,计算飞行参数数据与标准模板数据的帧匹配距离,根据距离大小进行飞行动作的识别。这3篇文献都在某个具体应用场景下实现了飞行动作的自动识别,模型所涉及的样本数据集偏小。

当前,随着飞机上各组成部件信息化水平的提高,飞行过程中按照时间能采集到的数据越来越丰富,形成飞行大数据。如何有效利用飞行大数据、采用机器学习算法进行飞行动作的自动化识别是当前飞行训练领域的一个研究热点。为此,需要研究两方面的内容:一是各飞行动作对应的关键特征参数;二是如何应用智能学习算法将基于时间序列的飞行参数数据进行分段,标识各分段序列对应的飞行动作。

6.2 问题建模

飞机飞行过程中借助各类传感器产生的大量数据,都存储在飞机上的快速存取记录器 QAR 中,这些数据经过飞行参数译码系统的分析和译码,得到按照时间序列排列的飞行参数数据。飞行动作的自动化识别就是输入译码后的飞行参数数据,经过机器学习算法的分析处理,输出各时间段的飞行动作。

6.2.1 飞行动作特征参数

不同飞机机型的飞行训练大纲不同,本节主要以起飞滑行、爬升、平飞、转弯、降落和着陆共 6 个最基本动作为例,进行基于机器学习算法的自动化识别。在算法处理之前,首先依据飞行训练大纲和飞行专家的意见,建立飞行动作的主要特征参数,如表 6.1 所示。

表 6.1　6 个基本飞行动作的特征参数

序号	飞行动作	特 征 参 数
1	起飞	气压高度、升降速度、指示空速、俯仰角、水平加速度、侧向加速度、垂直加速度
2	爬升	气压高度、升降速度、指示空速、航向角、俯仰角、倾斜角、前起落架收放、左起落架收放、右起落架收放、襟翼收放
3	平飞	气压高度、航向角、俯仰角、倾斜角、指示空速、升降速度
4	转弯	气压高度、指示空速、航向角、俯仰角、倾斜角、升降速度
5	降落	气压高度、升降速度、指示空速、航向角、俯仰角、倾斜角、前起落架收放、左起落架收放、右起落架收放、襟翼收放
6	着陆	指示空速、垂直加速度、水平加速度、侧向加速度

6.2.2 飞行动作自动识别流程设计

针对飞行动作的自动化识别问题,算法设计之前首先进行识别流程设计,识别步骤如图 6.1 所示。

整个模型主要包括数据采集、数据预处理、飞行动作识别和识别结果反馈 4 个步骤。表 6.2 描述了每个步骤的主要工作内容。

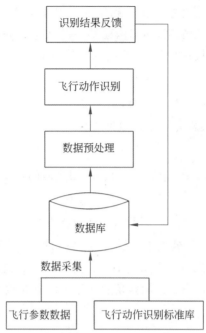

图 6.1　基于飞行参数数据的飞行动作自动化识别模型的流程图

表 6.2　飞行动作识别模型步骤说明

序号	步骤	主要工作内容
1	数据采集	将译码分析得到的飞行参数数据和依据飞行动作特征参数定义的动作识别标准库按照预先定义的数据结构采集到数据库
2	数据预处理	飞行参数数据通过飞机上各传感器获取得到,由于环境、外力等因素的影响,造成获得的数据存在缺失值、异常值,所以在进行飞行动作识别之前,要对飞行数据进行预处理,主要包括数据清洗(填补缺失值、平滑异常值)和数据变换(标准化、归一化)两项工作
3	飞行动作识别	设计飞行动作识别算法,将数据预处理后的飞行参数数据和飞行动作识别指标作为输入,按照识别算法,输出各时间段的飞行动作
4	识别结果反馈	将飞行动作识别算法的输出按照预定义的数据结构导入数据库,为飞行训练质量评估提供数据支持

6.3　基于 CART 的飞行动作识别算法

6.3.1　算法设计

为每个时间点特征参数向量标注飞行动作的问题属于分类问题的一种,决策树是解决分类问题的经典机器学习算法之一。算法利用 6 个基本动作对应模板时间序列数据 $D=\{D_1,D_2,\cdots,D_6\}$ 训练机器学习模型,递归构建 CART(Classification And Regression Tree)决策树,然后用建立的决策树模型标注各时间段的数据集合 T 对应的飞行动作。

1. 算法输入

(1) m 个时间点的飞行参数数据集合,记为 $T=\{t_1,t_2,\cdots,t_m\}$。

(2) 6 个标准动作对应模板时间序列数据集合,记为 $D=\{D_1,D_2,\cdots,D_6\}$。

2. 算法输出

标记飞行参数数据集合 $T=\{t_1,t_2,\cdots,t_m\}$ 中每个时间点 $t_i=(t_{i1},t_{i2},\cdots,t_{in})$ 对应的飞行动作及所处的阶段。

3. 算法步骤

步骤 1 对于标准动作模板数据 $D=\{D_1,D_2,\cdots,D_6\}$,计算标准飞行动作 D_r 第 u 个时间点的 n 元特征参数向量 $\boldsymbol{d}_{ru}=(d_{ru}^1,d_{ru}^2,\cdots,d_{ru}^n)(u=1,2,\cdots,w)$ 之间的高度变化率 Δh、俯仰角变化率 $\Delta\alpha$、航向角变化率 $\Delta\beta$、倾斜角变化率 $\Delta\gamma$,首先按照式(6-1)计算数据集 D 的基尼系数。

$$\mathrm{Gini}(D)=1-\sum_{k=1}^{6}p_k^2 \tag{6-1}$$

式中,p_k 表示数据集 D 中第 k 个类别在 D 中所占比例,相对于采用信息增益率计算对数的方式,要简单。基于数据集 D,按照式(6-2)计算特征 c 的基尼系数。

$$\mathrm{Gini}(D,c)=\sum_{e=1}^{E}\frac{|D^e|}{|D|}\mathrm{Gini}(D^e) \tag{6-2}$$

式中,$|D|$ 表示数据集 D 所有时间序列向量的数目;E 表示特征 c 在数据集 D 上的取值类别总数;$|D^e|$ 表示数据集合 D 中所有特征 c 取值为 e 的向量总数;$\mathrm{Gini}(D^e)$ 是按照式(6-1)计算的基尼系数。

步骤 2 数据集 D 依据基尼系数值最小的特征参数 c,划分为两部分得到其左右节点,记为 D_{left} 和 D_{right}。

步骤 3 停止构建决策树的条件有两个:一是判断阈值与当前基尼系数的大小关系,若当前基尼系数小于阈值,则当前节点停止构建决策树子树,否则继续构建;二是检查飞行参数特征参数集合 D 中是否存在能继续分解集合的分类特征,如果没有找到,则停止构建决策树。

步骤 4 对 D 节点的左右子节点 D_{left} 和 D_{right} 递归执行步骤 1 至步骤 3,直到从满足步骤 3 的条件退出,返回决策树训练模型 Tree。

步骤 5 标准模板数据集 D 的训练数据集完全决定了上述决策树的建立过程,该过程特别容易产生决策树模型的过拟合问题,可以通过对决策树进行剪枝的方式避免。所谓剪枝,即删除非叶子节点$\{T_1,T_2,T_3,\cdots,T_n\}$中表面误差率增益值最小(计算方法如式(6-3)所示)的α_i对应非叶子节点T_i的左右子节点,用子树的叶子节点替换非叶子节点T_i,重复该过程直至没有任何非叶子节点可以替换,剪枝完成。

$$\alpha=\frac{R(i)-R(T_i)}{\mid L(T_i)\mid-1} \tag{6-3}$$

式中,$R(i)$表示叶子节点替换第i个非叶子节点后产生的误差,$R(i)=r(i)p(i)$,$r(i)$表示节点i的误差率,$p(i)$表示节点i上的样本个数占整个训练集中样本个数的百分比;$R(T_i)$表示节点i没有裁剪时子树T_i上所有叶子节点的误差之和,即$R(T_i)=\sum_{j=1}^{m}r_j(i)p_j(i)$。

步骤 6　利用生成的决策树 Tree 对 m 个时间点的飞行参数数据集合(记为 $T=\{t_1,t_2,\cdots,t_m\}$)进行飞行动作的自动化识别,标注各时间段的飞行动作。

6.3.2　算法验证与结果分析

步骤 1　数据采集:实验选取某型飞机优秀飞行员飞出的包含 6 个标准飞行动作的基于时间序列的飞行参数数据作为数据集,由多名飞行领域专家对该飞行参数数据进行分段动作标注,标注后的飞行参数数据作为飞行动作识别标准库。

步骤 2　数据预处理:利用 sklearn.preprocessing 包中 Imputer 类填补缺失值,scale、MaxAbsScaler、MinMaxScaler 类将数据标准化,normalize 方法将数据归一化。

步骤 3　飞行动作识别:利用飞行动作识别标准库进行 CART 决策树模型的训练和测试,取其中 80% 的数据作为训练数据集,20% 的数据作为测试数据集。利用 sklearn.tree 包决策树分类器 DecisionTreeClassifier 构建 CART 决策树,利用 sklearn.model_selection 包 GridSearchCV 类对 DecisionTreeClassifier 进行调参,寻找到最优的参数,使得构建的决策树最优。利用构建的最优决策树对待识别的飞行动作时间序列参数进行动作识别。

步骤 4　识别结果反馈:将步骤 3 中飞行动作识别的结果按照预定义的数据结构导入数据库,为飞行训练质量评估提供数据支持。

利用模型训练集准确率、测试集准确率、精确率和召回率共 4 个指标来衡量生成决策树模型的性能。调用 sklearn 包的函数库,计算决策树模型在 GridSearchCV 调优前和调优后的性能指标(见图 6.2)。从图中看出调优前模型训练集准确率为 1,说明 GridSearchCV 调优前生成的决策树模型产生过拟合现象。经过 GridSearchCV 调优后,决策树模型各项指标有了较大提升,说明调参后决策树减少了过拟合,4 项指标都达到了 90% 以上,说明利用机器学习算法生成的决策树模型能有效地识别飞行动作,具有较好的模型泛化能力。

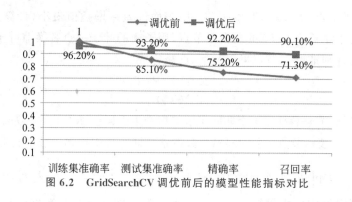

图 6.2 GridSearchCV 调优前后的模型性能指标对比

6.4 基于 MRF 模型的飞行动作识别算法

军用飞机飞行动作具有较强的随机性和模糊性,为实现针对军用飞机飞行动作的划分和识别,提出了一种基于马尔可夫随机场(Markov Random Field,MRF)的识别划分算法,可以在没有标定的情况下,将飞行数据段分割聚类,实现飞行动作的识别和划分。仿真实验表明,相比于传统的飞行动作识别算法,基于 MRF 模型的飞行动作识别算法有更高的识别率。

飞行动作的识别和划分一直是飞机健康监控、飞行模拟、飞行品质评估等应用的基础,快速准确地识别飞机的基本飞行动作和复杂飞行动作具有重要意义,由于民航飞机本身动作更加平稳,识别划分难度小,目前的研究已经比较成熟,而军用战机由于其机动性强、速度快的特点,其飞行动作识别一直以来都是难点问题。

目前,飞机动作识别划分主要分为以下几种方法:一是根据专家的先验知识,预先设定规则,建立知识库识别飞机的机动动作。倪世宏等分析了军用飞机飞行动作的变化特征,建立了基于专家先验知识和飞行动作特征的知识库来识别飞机的飞行动作,但这种方法的缺点在于面对不同的飞机型号,设置的规则不具有通用性。另外,专家的先验知识可能带有主观误差。二是利用目前的机器学习算法,比如贝叶斯网络、支持向量机和神经网络监督学习算法等。沈一超等基于时间序列的动态时间规整(Dynamic Time Warping,DTW)距离和贝叶斯网络推理,提出了一种基于贝叶斯网络的飞行动作识别算法,可以识别复杂机动。这些方法要求预先将带有基本飞行动作标记的飞行时间片段作为训练集,训练一个分类器,区分不同飞行数据。这种方法要求事先人工标记好的训练集,工作量较大,而且模型的通用性不强。

6.4.1 马尔可夫随机场模型

马尔可夫随机场模型是概率图模型的一种,它可以表示时间序列的相邻两个随机变量的相关关系,在飞行数据的时间序列中,可反映相邻时刻点的参数的相关性。比如,飞机在 t 时刻的操纵参数,会影响 $t+1$ 时刻飞机的姿态参数。因此,在飞行动作识别领域,引入马尔可夫随机场模型,提出一种基于马尔可夫随机场模型的飞机飞行动作划分和识别方法,将飞行数据中与飞行动作相关的参数采用基于马尔可夫随机场的时序数据分割聚类算法,将飞行数据序列划分为多个动作类,并且用 MRF 网络描述其每个动作的特征。

马尔可夫随机场是在随机场的基础上添加马尔可夫性质,使得随机序列变量的分布仅与前一时刻有关。这一性质提供了方便且具有一致性的建模方法,可以用来表示时间序列前后的约束关系。一维的马尔可夫随机场描述随机序列中某一时刻只与前一时刻有关,二维的马尔可夫随机场常常被用在图像分割领域,将时间上的马尔可夫特性转换到空间上,每个像元对于除它之外的相邻的像元组成的邻近集团存在依赖性,通过这一性质,进而有效地描述图像的局部统计特征。在多维时间序列上定义马尔可夫网络,将多维时间序列描述为一个由随机变量组成的多层网络,相邻层的网络通过网络节点的边相连,网络各个节点之间的边描述各个变量之间的相关关系。区别于传统飞行动作分类方法依赖于飞行数据序列距离的度量,本方法应用 MRF 的特性,用马尔可夫网络表示飞行数据序列前后的依赖关系,从而得到更精确的飞行动作分类结果。

6.4.2 飞行数据时间序列分析

飞行数据是一组离散的时间序列数据,飞行动作识别的准确程度,很大程度取决于各个飞行动作的划分结果,本章提出基于马尔可夫随机场对时间序列的分割算法,对飞行数据进行分割和聚类,以此完成对飞行动作的划分。设飞机的一组长度为 T 的飞行数据为 $x=[x_1,x_2,\cdots,x_T]$。其中 x_i 为 n 维向量,表示同一时刻采集的 n 维飞行数据,设需要将待划分的飞行数据分为 K 类,针对时间序列的聚类方式,不能仅将单独数据点聚类,还要根据数据前后的相关变化规律对一个滑动窗口的大小为 $w(w\leqslant T)$,w 的选取,取决于飞行数据的粒度和要分析飞行动作的长度。以每一个时刻 t 为基准,向前截取窗口大小的数据片段,记为 X_t,即

$$X_t=[x_{t-w+1},\cdots,x_{t-1},x_t]$$

式中,$t=1,2,\cdots,T$,X_t 为 $n\times w$ 维向量,将原始飞行数据截取为 w 长度的数个子序列,将此时针对飞行数据的聚类变为对 w 长度的多个子序列的聚类,这样在聚类过程中,相邻的子序列更易划分为同一类,实现时间一致性的目标。

设待划分的飞行数据分为 K 类,属于第 j 类的数据段集合记为 P_j,其中 $j=1,2,\cdots,K$。每个类用高斯协方差矩阵定义,类的协方差逆矩阵 Θ_j 反映各个参数之间的独立性。Θ_j 是一个 $nw\times nw$ 矩阵,由 $w\times w$ 个子矩阵组成,每个子矩阵是 $n\times n$ 矩阵,位置 pq 的子矩阵描述时刻 p 和时刻 q 之间 n 个维度之间的协方差逆矩阵。由于飞行数据是非时变的,即每一个点的参数值只与相对时间差有关。

MRF 模型需要根据统计决策和估计理论中的最优准则确定时间序列分割问题的目标函数采用一些优化算法求得满足这些约束条件的 MRF 最大似然分布。采用多元飞行数据时间序列各个维度之间的逆协方差矩阵 $\boldsymbol{\Theta}_i$ 定义 MRF 网络的邻接矩阵,通过估计稀疏的高斯逆协方差矩阵来学习每个聚类的 MRF,MRF 网络具有多个层,层数对应定义的短子序列的窗口大小,通过求解带约束的逆协方差逆矩阵估计问题,即可解决飞行动作的分类问题。针对飞行数据时间序列进行划分和识别,变为求解每类飞行动作的参数之间的协方差逆矩阵 $\boldsymbol{\Theta}=\{\boldsymbol{\Theta}_1,\boldsymbol{\Theta}_2,\cdots,\boldsymbol{\Theta}_K\}$ 和每类飞行动作的数据段集合 $P=\{P_1,P_2,\cdots,P_K\}$。

用负对数似然函数表示飞行数据段 X_i 被归为基本动作 j 类的代价为

$$E(X_i \in P_j) = -ll(X_t,\boldsymbol{\Theta}_i)$$
$$= \frac{1}{2}(X_t-\mu_i)^{\mathrm{T}}\boldsymbol{\Theta}_i(X_t-\mu_i) + \frac{1}{2}\mathrm{logdet}\boldsymbol{\Theta}_i - \frac{n}{2}\log(2\pi) \quad (6\text{-}4)$$

式中,$ll(X_t,\boldsymbol{\Theta}_i)$ 表示对数似然函数;μ_i 表示矩阵 $\boldsymbol{\Theta}_i$ 的均值;$\det\boldsymbol{\Theta}_i$ 表示矩阵 $\boldsymbol{\Theta}_i$ 的行列式。

考虑飞行数据的连续性,相邻时刻的数据段属于不同类施加惩罚项 β,β 越大,相邻的飞行数据子序列被划分为同一类动作的可能性越大。当 β 为零时,飞行数据子序列可以被单独划分,连续性惩罚性表达式为

$$E(X_i,X_{i+1}) = \begin{cases} 0 & X_i,X_{i+1}\text{同类} \\ \beta & X_i,X_{i+1}\text{不同类} \end{cases} \quad (6\text{-}5)$$

由于极大似然估计不能产生稀疏解,导致模型的复杂度过高,不方便求解,需要加入稀疏性约束,增加正则化惩罚项:

$$\lambda\|\boldsymbol{\Theta}_i\| \quad (6\text{-}6)$$

式中,λ 是正则化参数。稀疏化可以极大地简化网络结构,一定程度降低了算法的复杂性,还可以提高模型的泛化能力,解决模型的过拟合问题。

综上所述,模型的总体优化函数为

$$\underset{\boldsymbol{\Theta},P}{\arg\min}\sum_{i=1}^{K}\{\lambda\|\boldsymbol{\Theta}_i\| + \sum[-ll(X_t,\boldsymbol{\Theta}_i)+\beta l(X_{t-1}\notin P_i)]\} \quad (6\text{-}7)$$

式中,$\underset{\boldsymbol{\Theta},P}{\arg\min}$ 表示优化函数取得最小值时参数 $\boldsymbol{\Theta}$、P 的取值;当 $X_{t-1}\notin P$ 时,$l(X_{t-1}\notin P_i)$ 值为 1,当 $X_{t-1}\in P$ 时,$l(X_{t-1}\notin P_i)$ 值为 0。

6.4.3 飞行动作识别算法设计

MRF 模型的总体优化函数求解是一个组合和连续优化问题,飞行动作划分参数的求解和飞行动作类参数协方差逆矩阵的求解互相耦合,是高度非凸的优化问题。解决这一问题的关键在于采用期望最大化算法(EM)将总体优化目标转化为飞行动作识别和飞行动作划分两个子问题,交替更新参数,迭代求解,其中飞行动作划分参数使用动态规划算法求解,飞行动作识别参数采用交替方向乘子法(ADMM)求解。

1. 飞行动作划分的参数求解

针对飞行动作划分的参数 P_j 的求解问题,首先要给定 $\boldsymbol{\Theta}_j$,此时 P_j 的优化要考虑两方面的问题:一是飞行数据段 X_i 被归为 j 类的代价,可以用负对数似然函数和表示,即公式(6-4);另一个是飞行数据的连续性约束,应用公式(6-6)表示。两个代价构成典型的流水线问题,可以采用动态规划算法进行求解。

动态规划算法将 T 个子序列 $X_1, X_2, \cdots, X_T$ 分配到 K 个聚类的问题,等效为找到时间戳 1 到 T 的最小代价路径,其中节点代价是将该数据段分配给飞行动作的负对数似然函数和,并且每当分类改变时,边的代价为 β。

2. 飞行动作识别参数矩阵的求解

首先要给定一类中所有数据段的集合 P_j,通过最小化其负对数似然函数和,可以求解 $\boldsymbol{\Phi}_j$,即

$$
\begin{aligned}
E(X_i \in P_j) &= \sum_{X_t \in P_i} -ll(X_t, \boldsymbol{\Theta}_j) \\
&= \sum_{X_t \in P_i} [-\logdet(\boldsymbol{\Theta}_j) + X_i^{\mathrm{T}} \boldsymbol{\Theta}_j X] \\
&= E_1 + E_2
\end{aligned}
\tag{6-8}
$$

式中,$E_1 = -|P_i| \logdet(\boldsymbol{\Theta})$;$E_2$ 可以写成迹的形式,即

$$
E_2 = -\mathrm{tr}\Big(\sum_{i \in P} X_i^{\mathrm{T}} X_i\Big) = -|P_i| \mathrm{tr}(S_i \boldsymbol{\Theta}_i)
\tag{6-9}
$$

式中,S_i 是经验协方差,由当前 P_i 所有数据段计算得到。考虑矩阵的稀疏性,添加一个正则化项 $\lambda \| \boldsymbol{\Theta}_i \|$,所以逆协方差逆矩阵的优化函数是

$$
\min -\logdet(\boldsymbol{\Theta}) + \mathrm{tr}(S_i \boldsymbol{\Theta}_i) + \frac{\lambda}{P_i} \| \boldsymbol{\Theta}_i \|
$$

$$
\text{subject to} \boldsymbol{\Theta} = Z, Z \in \Gamma
\tag{6-10}
$$

飞行动作识别参数矩阵的优化问题是图套索(Graphical Lasso)问题的一种,由参数 λ 平衡最小化似然对数和矩阵 $\boldsymbol{\Theta}_i$ 的稀疏化。当 S_i 是可逆的,似然项会使得 $\boldsymbol{\Theta}_i$ 接近 S_i^{-1}。要解决图套索问题,对于维数较小的协方差逆矩阵,可以使用内点法解决。但是,要解决整个问题,需要在算法的每次迭代中为每个类解决一个单独的图套索问题,而本节的算法在收敛之前可能需要求解数百次,所以必须应用一种快速有效的解决问题的方法。

本节采用 ADMM 算法,ADMM 是一种分布式凸优化方法,主要应用在大规模优化任务中。为了使问题更符合 ADMM 算法的形式,引入变量 Z 并将原问题重写为等效问题。

$$
\min -\logdet(\boldsymbol{\Theta}) + \mathrm{tr}(S\boldsymbol{\Theta}) + \| \lambda \circ Z \|_1
$$

$$
\text{subject to} \boldsymbol{\Theta} = Z, Z \in \Gamma
\tag{6-11}
$$

其增广拉格朗日函数为

$$L_p(\boldsymbol{\Theta},Z,U)=-\mathrm{logdet}(\boldsymbol{\Theta})+\mathrm{tr}(S\boldsymbol{\Theta})+\|\lambda\circ Z\|_1+\frac{\rho}{2}\|\boldsymbol{\Theta}-Z+U\|_F$$

式中，$\rho>0$ 是惩罚参数，$\frac{\rho}{2}\|\boldsymbol{\Theta}-Z+U\|_F$ 是惩罚项，$U\in\mathbf{R}^{nw\times nw}$ 是对偶变量，则该优化问题的迭代求解方法为

$$\boldsymbol{\Theta}^{k+1}:=\underset{\boldsymbol{\Theta}}{\mathrm{argmin}}L_p(\boldsymbol{\Theta},Z^k,U^k)$$

$$Z^{k+1}:=\underset{Z\in\mathrm{r}}{\mathrm{argmin}}L_p(\boldsymbol{\Theta}^{k+1},Z^k,U^k)$$

$$U^{k+1}:=U^k+\boldsymbol{\Theta}^{k+1}-Z^{k+1} \tag{6-12}$$

式中，k 是迭代参数。

3. EM 算法求解整体优化问题

利用迭代 EM 算法解决数据段分类和聚类参数协方差逆矩阵的问题。随机初始化集群，并且交替执行 E-step 和 M-step，直到每个簇的分配已经固定，模型已经收敛。本算法的求解步骤如下。

步骤 1　初始化模型参数 $P,\boldsymbol{\Theta}$。

步骤 2　执行 E-step，给定 $\boldsymbol{\Theta}_j$，应用动态规划算法将飞行数据分到各个飞行动作类，求解 P。

步骤 3　执行 M-step，给定 P，应用 ADMM 算法更新飞行动作识别参数 $\boldsymbol{\Theta}$。

步骤 4　重复执行步骤 2 和步骤 3，不断地迭代直到算法收敛。

6.4.4　算法验证与结果分析

为了方便验证算法的准确性，采用某型飞机的 50 次飞行任务记录的飞行数据，每次飞行任务的时长大约为 1h，将每次飞行任务的数据划分为 10 组，共 500 组。选取其中与飞行动作识别相关的发动机转速、飞行速度、飞行高度、航向角、俯仰角、倾斜角 6 个参数。为了验证实验结果，飞行数据已经事先采用人工方法标记各个阶段所属的基本飞行动作，飞行数据的采样间隔均为 1s，算法的参数"滑动窗口大小 w"设置为 5，根据飞行基本动作的种类，将聚类簇的个数 K 设置为 5。

由于飞机机动平飞的过程占很大一部分，所以单纯使用识别率不足以评价模型的识别效果，使用 macro-F1 值评价各个算法的识别正确率，macro-F1 值计算方式是先计算每一个类的 Precision 和 Recall 后计算各个类的 F_1 值，然后求各个类的 F_1 值的平均值。其中

$$F_1=2\times\frac{\mathrm{precision}\cdot\mathrm{recall}}{\mathrm{precision}+\mathrm{recall}} \tag{6-13}$$

表 6.3 是本算法（MRF）、基于高斯混合模型的聚类算法（GMM）、基于欧氏距离的 DTW 算法（DTW）、基于自组织图的人工神经网络聚类方法（Nerual Gas）和 K-Means 算法针对测试样本聚类的 macro-F1 值和部分动作识别准确率。从表 6.3 可以看出 5 种算法对

平飞的识别准确率都很高,但 DTW、K-Means、Nerual Gas 对于斤斗类的识别准确率较低。斤斗类的飞行数据变化比较复杂,而这些算法大多基于距离的判定规则,无法识别飞行数据表示的本来特征。所以,本算法在复杂动作的表现上优于其他基于距离的算法。

表 6.3 各算法 macro-F1 值比较

算 法	macro-F1 值	平飞类	斤斗类
MRF	0.95	0.95	0.96
GMM	0.74	0.89	0.85
DTW	0.31	0.92	0.62
Nerual Gas	0.37	0.93	0.75
K-Means	0.38	0.94	0.73

接下来测试各个算法需要多少样本才能准确聚类,识别飞机动作。图 6.3 为上述 5 种算法的 macro-F1 值与样本数量的关系图。从图中可以看出,本节提出算法的性能明显优于其他算法,macro-F1 的值为 0.91~0.98。与其他基于模型的聚类算法相比,本节算法需要更少的样本就能达到相似的准确率,而基于距离的聚类算法的结果准确率不高,难以对飞机动作进行划分。

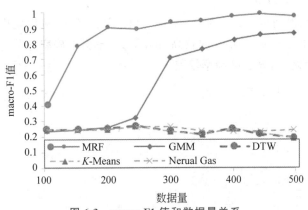

图 6.3 macro-F1 值和数据量关系

当有 100 个样本时,没有一种方法能够准确地识别飞机的动作。但是,随着样本量的增多,基于 MRF 模型算法的准确率迅速提高。到有 200 个样本时,本节所提出方法的 macro-F1 已经超过 0.9。

1. 时间一致性参数分析

图 6.4 是本节所提算法和去除算法中时间一致性约束的 marco-F1 值及数据量之间的关

系。由图 6.4 可知,由 β 定义的时间一致性约束在数据量较小时仅具有很小的影响,因为 MRF 和 MRF($\beta=0$)都获得了相似的结果。但是,随着样本数量的增加,$\beta=0$ 徘徊在 0.9 附近。这意味着,一旦有足够的样本,飞行数据连续性约束对最终算法的性能提高起着决定性因素。

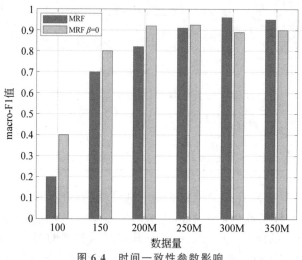

图 6.4　时间一致性参数影响

2. 滑动窗口大小分析

图 6.5 是本算法滑动窗口大小和 marco-F1 值之间的关系,可以发现介于 4～10 的任何窗口大小都会达到介于 0.95～0.98 的较高 macro-F1 聚类准确率评分。只有在窗口大小降至 4 以下或 10 以上之后,算法准确率较差。

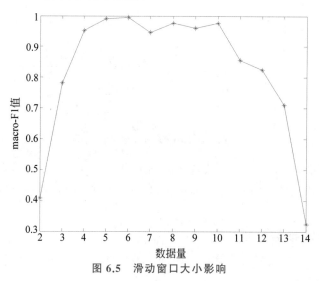

图 6.5　滑动窗口大小影响

本节研究了基于 MRF 模型的飞机飞行动作划分和识别方法,算法在对飞行动作准确识别和划分的同时,还提供了结果的可解释性。实验结果表明,通过对比其他算法的 macro-F1 值,本节算法提高了飞行动作识别的准确率。

6.5　本章小结

本章针对飞行动作的自动化识别问题,首先阐述问题内涵,定义了飞行动作特征参数,设计了飞行动作自动化识别流程。然后,提出了两种飞行动作的自动化识别算法:一种是针对样本数据有飞行动作标签的情况,提出了基于 CART 决策树优化的飞行动作识别算法;另一种是针对样本数据没有飞行动作标签的情况,提出了基于 MRF 模型的飞行动作识别算法。实验结果表明,两种算法都能有效识别飞行动作,识别结果为飞行质量评价奠定了良好的数据基础。

第7章

基于飞行数据的飞行动作质量评价

7.1 引言

飞行动作质量评价是提升飞行员训练质量的关键手段之一。科学评价飞行员飞行质量对提高飞行员的驾驶水平有着重要意义。在目前的飞行训练管理中,飞行动作质量主要采取飞行教员主观评价的方式,由飞行教员观察飞行学员的飞行过程后,对动作进行打分。主观评价依赖于飞行教员的经验判断,尚无较好的自动评价算法。

飞行动作是指飞行人员按照飞行训练大纲要求操纵飞机所做的机动飞行。虽然飞行训练大纲在理论上规定了每种动作的动作要领,但一方面大纲未给出量化的方式评判飞行动作质量,另一方面,飞行动作会根据实际的客观飞行情况进行一些变化,飞行教员仅通过观察飞机姿态的变化评判飞行动作质量具有一定的主观性。所以如何将飞行大纲的规定量化,并排除主观因素的影响,是需要解决的问题。目前国内对飞行动作评价已有一些研究,王奔驰等提出了一种 AHP-TOPSIS 综合集成的评价方法,分别采用 AHP 法和 TOPSIS 法确定主观权重值、进行评价指标值的规范化和排序计算。刘莉雯等对真实的飞行参数数据建立综合评估模型,同时考察多次航班的多个飞行参数,给出综合的飞行品质评估结论,为飞行评估、训练提供理论基础和科学的评判方法。钱鑫等提出了一种军用飞机飞行员操纵品质评估数学模型,克服了传统定性评估难以保证客观、公正的缺点。

飞行数据是一种多元时间序列数据,本章根据各个变量的时间序列的相似度度量评价飞行动作,并结合领域专家的经验,选取恰当的评价指标,应用基于斜率的时间序列相似度衡量多个飞行参数的得分值,应用熵权法确定各指标的权重,最终建立基本飞行动作质量评价模型。

7.2 飞行动作的相似度度量

评价飞行动作质量,必须制定恰当的飞行动作评价标准。评判飞行员的动作,通常由飞行教员根据标准飞行动作与实际飞行情况之间的偏差程度来判断,所以本章根据飞行动作数据段中每个评价指标与标准动作样本集中对应评价指标的时间序列相似程度作为飞行动作的评价标准。

常用的序列相似度度量方法有普通范数距离、动态时间弯曲距离和模式距离等。其中,模式距离具有更贴近序列本身的结构和物理定义的优点,但是其描述比较粗糙,得出的结论比较模糊,不便于直接使用,需要对其进行改进以作为评价数据段与标准样本集的相似程度的度量。根据模式距离的定义,飞行数据序列可表示为(模式,时刻)对的形式:

$$S = \{(m_1, t_1), \cdots, (m_i, t_i), \cdots, (m_n, t_n)\} \tag{7-1}$$

式中,$m_i \in M, i = 1, 2, \cdots, n, M = \{-1, 0, 1\}$ 表示序列的状态变化,包括上升、保持、下降;$t_1, t_2, \cdots, t_n$ 为模式结束时间,n 为模式的数量。

由于原有模式距离只能表示序列是否发生变化,而无法表达序列变化的大小,本章提出使用飞行数据时间序列相邻两节点之间的斜率代替原有的模式距离中三元的模式,首先飞行数据时间序列可分段线性表示为

$$S = \{(x_0, x_1, t_1), \cdots, (x_{i-1}, x_i, t_i), \cdots, (x_{n-1}, x_n, t_n)\} \tag{7-2}$$

式中,x_{i-1}, x_i 表示飞行数据序列中分段直线的初值和终值;$t_1, t_2, \cdots, t_n$ 为直线段结束时间;$n-1$ 为直线段数量。

第 i 段直线段的斜率为

$$k_i = \frac{x_i - x_{i-1}}{t_i - t_{i-1}} \tag{7-3}$$

设 S' 是待评价的某参数飞行数据段,S'' 是该参数的标准样本集。S' 和 S'' 的表达式为

$$S' = \{(k'_0, t'_1), \cdots, (k'_{i-1}, t'_i), \cdots, (k'_{n-1}, t'_n)\} \tag{7-4}$$

$$S'' = \{(k''_0, t''_1), \cdots, (k''_{i-1}, t''_i), \cdots, (k''_{n-1}, t''_n)\} \tag{7-5}$$

则 S' 和 S'' 的斜率距离为

$$D_K(S', S'') = \left| \sum_{i=2}^{n} (t_i - t_{i-1})(k'_{i-1} - k''_{i-1})/t_n \right| \tag{7-6}$$

考虑到斜率的方向问题,引入自适应参数 γ,其中:

$$\gamma = \begin{cases} 1, & (k'_{i-1} \times k''_{i-1}) \geqslant 0 \\ C, & (k'_{i-1} \times k''_{i-1}) < 0 \end{cases} \tag{7-7}$$

引入自适应参数 γ 后待评价的某参数飞行数据段与标准样本集的距离为

$$D_K(S',S'') = \left| \sum_{i=2}^{n} \gamma(t_i - t_{i-1})(k'_{i-1} - k''_{i-1})/t_n \right| \tag{7-8}$$

式中, t_n 为飞行数据段总长度。此时第 i 个数据段第 j 个参数的得分为

$$X_{ij} = \exp\{- D_{ij}(S_{ij}, S_0)\} \tag{7-9}$$

7.3 飞行动作质量评价模型的构建

7.3.1 评价指标的选取

进行基本飞行动作质量评价,需要选取适当的评价指标。飞行数据中包含多种参数,评价指标的选取要遵循易量化和系统性的原则。本章针对 5 个基本飞行动作,根据领域内相关专家的经验,得出以下飞行动作评价指标体系,如表 7.1 所示。

表 7.1 基本动作评价指标

基 本 动 作	评 价 指 标
平飞类	高度、航向角、滚转角、俯仰角
俯冲跃升类	高度、升降率、空速、航向角、滚转角、俯仰角
斤斗类	高度、升降率、空速、航向角、滚转角、俯仰角
盘旋类	高度、空速、航向角、滚转角
横滚类	高度、空速、航向角、滚转角、俯仰角

7.3.2 评价指标权重系数的确定

本章建立基于熵权法的飞行动作质量评价模型,其中熵是用来描述某项指标在评价系统中的影响大小,即熵值越小,指标的重要程度越高,其在评价系统中的权重也就越大。使用熵权法客观地计算飞行动作质量评价模型各个指标的权重,再根据各项参数的评分结果,对整个飞行动作的质量进行评价。

设飞行员某次飞行的飞行数据经过算法识别和划分之后,某一基础动作段有 m 段,选取飞行数据参数有 n 个, X_{ij} 为第 i 个数据段第 j 个参数的得分。为了便于后续运算,统一量纲,对数据 X_{ij} 进行归一化处理:

$$r_{ij} = \frac{\boldsymbol{X}_{ij}}{\sqrt{\sum\limits_{i=1}^{m} \boldsymbol{X}_{ij}^2}} \tag{7-10}$$

式中，r_{ij} 为归一化后的分数，组成新的决策矩阵 $\boldsymbol{R} = (r_{ij})_{m \times n}$。则第 i 个数据段第 j 个参数的贡献度为

$$p_{ij} = \frac{r_{ij}}{\sum\limits_{i=1}^{m} r_{ij}} \tag{7-11}$$

形成贡献度矩阵 $\boldsymbol{R} = (r_{ij})_{m \times n}$，则在整个飞行过程中所有的某类基本动作段对参数 j 贡献度为

$$E_j = -\frac{1}{\ln m} \sum_{i=1}^{m} (p_{ij} \ln p_{ij}) \tag{7-12}$$

即可求得各个指标所占的权重为

$$v_j = \frac{1 - E_j}{\sum\limits_{j=1}^{n} (1 - E_j)} \tag{7-13}$$

7.3.3　飞行动作最终评分

由上述公式，可以计算飞行员某一类基本飞行动作的权重向量为 $\boldsymbol{v} = [v_1, v_2, \cdots, v_n]^{\mathrm{T}}$ 且 v_j 满足 $v_j > 0, \sum\limits_{j=1}^{n} v_j$，$\boldsymbol{R}_i$ 为矩阵 $\boldsymbol{X}_{ij}$ 的第 i 行向量，则第 i 个该类基本动作段的加权得分值为

$$s_i = \boldsymbol{R}_i \boldsymbol{v} \tag{7-14}$$

该次飞行这一类基本动作的评分为

$$s = \frac{\sum\limits_{i=1}^{m} s_i}{m} \tag{7-15}$$

重复上述步骤，可以分别得到飞行员各个基本动作类的评分，每一项基本动作的评分满分为 1，分数越高说明飞行员该项动作的质量越高。

7.4　模型验证与结果分析

某次飞行任务产生的数据经过系统数据预处理、动作识别和划分后，可得到若干的基本飞行动作数据段，运用式(7-8)～式(7-12)将基本飞行动作数据段与标准模板数据进行比

较,得到该段的评分结果,其中表 7.2 是该次飞行任务所有俯冲跃升类动作数据段的评分结果。由式(7-13)可以得到俯冲跃升类动作评价指标的权重向量为

$$v_1 = \begin{bmatrix} 0.2146 & 0.1433 & 0.1677 & 0.1502 & 0.1945 & 0.1338 \end{bmatrix}$$

再根据式(7-14)依次算出单一俯冲跃升段的评分,再根据式(7-15)依次算出该次飞行俯冲跃升段的评分为 0.78。

选择 10 组学员科目飞行数据,运行本章的评价算法,得到基本飞行动作评价得分结果如表 7.2 所示,由于教员主观评分为百分制,所以为了便于分析,将系统评分转化为百分制,系统评分与教员评分对比如图 7.1 所示。

表 7.2 俯冲跃升类动作数据段评分

数据段编号	高度	升降率	空速	航向角	滚转角	俯仰角
1	0.8147	0.91064	0.8692	0.14495	0.54986	0.5797
2	0.8000	0.2638	0.6220	0.5132	0.3509	0.2598
3	0.9233	0.5948	0.8010	0.9048	0.8443	0.4356
4	0.5948	0.4356	0.2580	0.4356	0.4302	0.7112
5	0.9729	0.6489	0.8003	0.6819	0.6596	0.8054
6	0.7126	0.8181	0.4537	0.5767	0.5004	0.8175
7	0.4323	0.6819	0.6596	0.5185	0.5216	0.8033
8	0.0605	0.2920	0.3724	0.0527	0.4177	0.6981
9	0.3993	0.4317	0.1981	0.7379	0.9831	0.6665
10	0.5269	0.0155	0.4897	0.2691	0.3015	0.1781
11	0.4168	0.9841	0.3395	0.4228	0.7011	0.1280
12	0.6569	0.1672	0.9516	0.5479	0.6663	0.9991
13	0.6280	0.1062	0.9203	0.9427	0.5391	0.1711
14	0.0605	0.2920	0.3724	0.0527	0.4177	0.6981
15	0.3993	0.4317	0.1981	0.7379	0.9831	0.6665
16	0.5269	0.0155	0.4897	0.2691	0.3015	0.1781
17	0.4168	0.9841	0.3395	0.4228	0.7011	0.1280
18	0.6569	0.1672	0.9516	0.5479	0.6663	0.9991
19	0.6280	0.1062	0.9203	0.9427	0.5391	0.1711
20	0.7802	0.1112	0.9447	0.9000	0.9447	0.4172

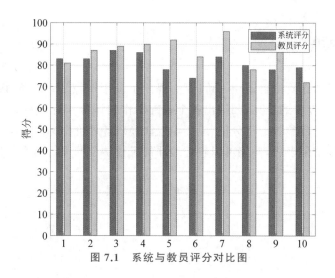

图 7.1 系统与教员评分对比图

从图 7.1 分析可知,系统评价结果和教员的评分基本一致,在个别组上略有偏差,主要原因是教员在评价飞行动作时,会更关注有难度的动作飞行质量,主观分配的权重较高,而系统针对 5 种基本飞行动作采用相同的权重。根据表 7.3 数据,学员在平飞类上的得分均较高,造成总分也会被拉高,考虑实际业务应用,应该调整系统的各个动作的评价权重,给予难度较高、更为重要的基本动作更大的权重。综上所述,经飞行数据检验可知,本章提出的算法可用于系统评价基本飞行动作质量。

表 7.3 基本飞行动作评价模型评分

序号	平飞类	俯冲跃升类	斤斗类	盘旋类	横滚类	总评成绩
1	0.84	0.64	0.85	0.88	0.93	0.83
2	0.84	0.95	0.64	0.95	0.76	0.83
3	0.91	0.87	0.91	0.90	0.77	0.87
4	0.99	0.77	0.94	0.88	0.71	0.86
5	0.81	0.69	0.95	0.64	0.81	0.78
6	0.86	0.85	0.60	0.68	0.72	0.74
7	0.93	0.92	0.81	0.92	0.60	0.84
8	0.81	0.79	0.99	0.70	0.71	0.80
9	0.96	0.75	0.76	0.79	0.65	0.78
10	0.84	0.65	0.86	0.64	0.93	0.79

7.5 本章小结

本章针对飞行动作质量自动化评价问题,提出了基于熵权法和斜率相似度的飞行动作质量评价算法,根据专家的意见,归纳出各个基础动作的评价指标,应用基于斜率的时间序列相似度计算多个飞行参数的得分值,应用熵权法确定各评价指标的权重,建立飞行动作质量评价模型。实验结果表明,模型可以较好地评价飞行学员的飞行动作质量。

第8章

航空飞行器飞行控制系统
状态参数监控

8.1 引言

航空飞行器的性能直接影响航空飞行器的飞行性能与飞行品质,同时其工作状态也直接影响航空飞行器的飞行安全。为了对航空飞行器飞行控制系统的工作状态进行监控,国内外学者进行了大量研究与尝试。

Van 等采用扩展卡尔曼滤波器(Extended Kalman Filter,EKF)方法分别对飞行控制系统中的攻角传感器、空速管和执行机构进行了状态监控与故障诊断,然而该方法具有计算成本高、对于非线性系统模型线性化效果较差等缺点。随着传感器技术和通信技术的飞速发展,飞行控制系统采集得到的数据日益增多。利用航空飞行器大量历史飞行数据,分析预测航空飞行器各部件的工作状态成为可能。秦海勤等利用飞行参数数据进行航空发动机使用寿命预测。李梦蝶等提出了基于卷积长短时记忆网络(Long Short Term Memory Network,LSTM)的飞行控制系统剩余寿命预测方法,利用卷积 LSTM 提取飞行控制系统状态参数时间序列信息,建立不同状态参数之间的时间与空间相结合的剩余寿命预测时序学习网络,从而实现飞行控制系统的剩余寿命预测。Mack 等基于学习网络开展飞机的故障诊断或状态监控,Wild 等基于飞机的飞行数据诊断系统的故障和识别安全风险,从这些文献可以看出基于飞行数据采用学习网络开展航空飞行器系统的故障诊断与安全风险监控是可行的、有效的。然而目前基于飞行参数数据对飞行控制系统的状态监控文献较少。

为了更好地监控飞行控制系统的工作状态,保证航空飞行器的飞行安全,构建基于LSTM 的飞行控制系统状态监控模型,模型以航空飞行器实际飞行参数数据为输入,以飞行控制各组成部分的状态参数作为 LSTM 的输出参数,通过 LSTM 网络的训练,建立从输入参数到航空飞行器飞行控制系统状态参数的映射关系,利用训练好的网络模型预测飞行控制系统的状态参数,为航空飞行器飞行控制系统的监控提供决策支持。

8.2 问题建模

飞行控制系统是指能够稳定航空飞行器飞行姿态,并能控制航空飞行器自主或半自主飞行的控制系统,是航空飞行器的大脑,简称飞控。以固定翼无人机为例,飞行控制系统是由飞行控制计算机、传感器、执行机构和飞行控制软件组成,如图 8.1 所示,其主要功能是完成无人机的方向舵、升降舵、襟副翼、油门、刹车和起落架等的控制,使飞机完成转弯、爬升、俯冲、横滚等动作,完成这些功能的自动控制回路如图 8.2 所示。飞行控制系统首先借助大量传感器实时采集各部件的飞行状态数据,实时接收地面测控站发出的控制命令和飞机状态参数的给定期望值,然后依据飞行控制律进行计算处理,最后输出控制指令给执行机构,控制舵机实现对无人机的控制。

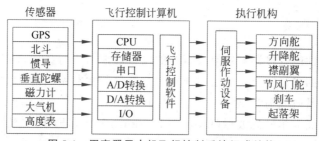

图 8.1 固定翼无人机飞行控制系统组成结构

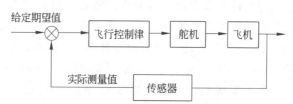

图 8.2 无人机飞行控制系统的自动控制回路

飞行控制系统的状态监控模型是指建立输入飞行参数数据与传感器和各执行机构的状态参数的回归映射关系,实现飞行控制系统的状态监控。对于飞行控制系统的传感器主要通过对比同一个参数的多个传感器的采集结果实现监控,监控参数如表 8.1 所示。对于同一个飞行参数数据,利用不同传感器采集得到的结果存在误差,只要误差在允许的阈值范围内,则说明各传感器工作状态正常,若误差太大或者出现异常跳变,则说明传感器可能出现故障。

表 8.1　飞行控制系统各传感器监控参数表

传感器	输入参数	输出参数
GPS	GPS、北斗、惯导分别采集得到的经度、纬度、高度、地速	GPS 采集得到的经度、纬度、高度、地速是否正常
北斗	GPS、北斗、惯导分别采集得到的经度、纬度、高度、地速	北斗采集得到的经度、纬度、高度、地速是否正常
惯导	GPS、北斗、惯导分别采集得到的经度、纬度、高度、地速	惯导采集得到的经度、纬度、高度、地速是否正常
	惯导和垂直陀螺分别采集得到的姿态角(滚转角、俯仰角、偏航角)、姿态角速率(滚转角速率、俯仰角速率、偏航角速率)、速度(东向速度、北向速度)	惯导采集得到的姿态角(滚转角、俯仰角、偏航角)、姿态角速率(滚转角速率、俯仰角速率、偏航角速率)、速度(东向速度、北向速度)是否正常
	惯导和磁力计分别采集得到的航向角	惯导采集得到的航向角是否正常
垂直陀螺	惯导和垂直陀螺分别采集得到的姿态角(滚转角、俯仰角、偏航角)、姿态角速率(滚转角速率、俯仰角速率、偏航角速率)、速度(东向速度、北向速度)	垂直陀螺采集得到的姿态角(滚转角、俯仰角、偏航角)、姿态角速率(滚转角速率、俯仰角速率、偏航角速率)、速度(东向速度、北向速度)是否正常
磁力计	惯导和磁力计分别采集得到的航向角	磁力计采集得到的航向角是否正常
大气机	大气机和高度表采集得到的升降速度	大气机采集得到的升降速度是否正常
	GPS、北斗、惯导、大气机分别采集得到的高度	大气机采集得到的高度是否正常
	大气机采集得到的静温与总温	大气机采集得到的静温或总温是否正常
	GPS 与惯导分别采集得到的东向/北向速度、大气机与高度表分别采集得到的升降速度、大气机得到的真空速	大气机采集得到的真空速是否正常
高度表	高度表、GPS、北斗、惯导、大气机分别采集得到的高度	高度表采集得到的无线电高度是否正常
	大气机和高度表采集得到的升降速度	高度表采集得到的升降速度是否正常

对于飞行控制系统的除起落架之外的其他各执行机构,依据其主要功能和不同飞行阶段下的飞行控制律,确定其监控模型的输入输出参数,如表 8.2 所示,构建从输入参数到各执行机构状态参数的回归映射网络模型,利用历史飞行数据训练模型,然后利用训练好的网络模型,预测各执行机构的状态参数,通过对比实测值与预测值之间的差异,实现对各执行

结构的状态监控。而飞机的起落架属于机械装置,只有收、放两个动作,无过程数据,所以不需要构建网络模型进行监控。

表 8.2　飞行控制系统各执行机构监控参数表

执行机构	输　入　参　数	输　出　参　数
方向舵	给定滚转角、滚转角、滚转角速率、偏航角、偏航角速率、给定航向角、方向舵指令	滚转角、滚转角速率、偏航角、偏航角速率
升降舵	给定俯仰角、俯仰角、俯仰角速率、升降舵指令	俯仰角、俯仰角速率
襟副翼	给定滚转角、滚转角、滚转角速率、偏航角、偏航角速率、给定航向角、副翼指令	滚转角、滚转角速率
节风门舵	给定空速、大气机真空速、节风门位移、节风门指令	节风门位移
刹车	侧偏距、航向角、左右刹车指令	大气机真空速、地速等
起落架	收放起落架指令	起飞、下降时的起落架开关量

飞机的 3 个姿态角(滚转角 ϕ、俯仰角 θ、偏航角 ψ)、3 个姿态角速率(滚转角速率 p、俯仰角速率 q、偏航角速率 r)、后一个时刻的 3 个姿态角(滚转角 $\dot{\phi}$、俯仰角 $\dot{\theta}$、偏航角 $\dot{\psi}$)满足以下运动学方程:

$$\begin{cases} \dot{\phi} = p + \tan\theta(q\sin\phi + r\cos\phi) \\ \dot{\theta} = q\cos\phi - r\sin\phi \\ \dot{\psi} = \dfrac{q\sin\phi + r\cos\phi}{\cos\theta} \end{cases} \tag{8-1}$$

该运动学方程成立的前提条件包括:飞机是刚体,而且质量不变,地球固定于空间,不考虑地球自转、公转的影响。因此,实际飞行参数数据中姿态角与姿态角速率的关系并不满足该方程,而且姿态角与姿态角速率的实际取值与飞行控制给定的值有很大关系。因此,需要构建网络模型建立实际各参数值之间的回归映射关系。

8.3　基于 LSTM 网络的飞行控制系统监控模型

基于 LSTM 网络的飞行控制系统监控模型如图 8.3 所示。模型由以下步骤组成。

(1) 通过分析飞行控制系统的 3 大组成,确定监控对象飞行控制系统的传感器和执行机构。

(2) 依据运动方程,确定输入参数 X 和监控状态参数 Y;读入历史飞行数据,从中提取参数 X 和参数 Y,对数据进行预处理,包括去噪声、平滑和归一化处理。

(3) 设计 LSTM 网络层数、每层网络神经元个数和最大迭代次数。

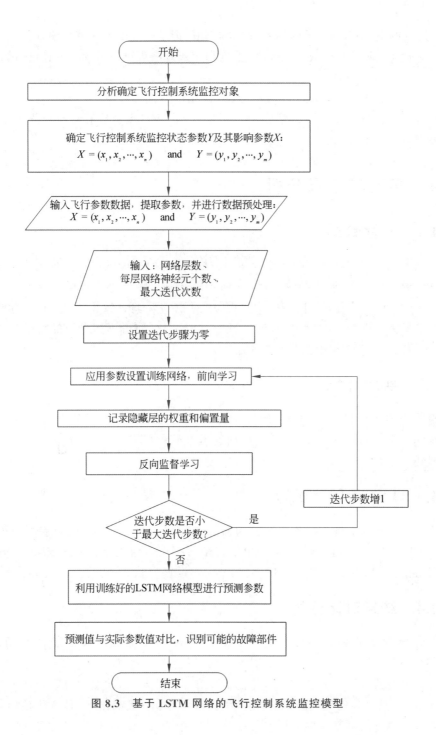

图 8.3　基于 LSTM 网络的飞行控制系统监控模型

（4）训练网络，前向计算每个神经元的输出值，记录隐藏层的权重和偏置量。

（5）反向计算每个神经元的误差项，根据相应误差项计算每个权重的梯度，进行反向监督学习，更新权重矩阵和偏置项。

（6）通过多轮迭代收敛，求解得到 LSTM 网络的最优参数。

（7）利用训练好的 LSTM 网络模型预测参数，通过实际参数值与预测值对比，识别可能的故障部件，进行预警提示。

8.4　实验与结果分析

8.4.1　实验数据

选取某型无人机实际飞行数据作为实验数据，从中抽取传感器和执行机构工作状态相关的特征参数进行监控，监控参数如表 8.1 所示。选取实际飞行的 20 000 条数据作为样本构建模型，其中前 70% 为训练网络模型数据，中间 20% 为验证数据，最后 10% 为测试模型数据。对数据去噪平滑后，再对各参数进行数据归一化，使得不同量级的特征参数统一到（−1,1）区间内，使得构建模型的预测准确率更高。

8.4.2　实验环境

实验采用的计算机配置如下：硬件配置（Intel Core i7 8550U 处理器，Crucial DDR4 32GB 内存，Nvidia GeForce MX150 图形加速卡），软件配置（Windows 系统，Python 3.9，TensorFlow 2.3）。

8.4.3　LSTM 网络配置

按照表 8.2 飞行控制系统各执行机构监控参数表设置 LSTM 网络的输入输出参数。网络有 1 个输入层、3 个隐藏层、1 个输出层。学习率设置为 0.001，Sigmoid 用作激活函数来训练网络模型。将网络训练 100 次迭代，批大小设置为 20。

8.4.4　结果对比分析

将 LSTM 网络的参数预测性能与经典的参数预测算法反向传播神经网络（Back Propagation Neural Networks，BPNN）、支持向量机（Support Vector Machine，SVM）进行对比分析。BPNN 包括 1 个输入层、3 个隐藏层和 1 个输出层，模型学习率为 0.001，迭代次数为 100；SVM 选择径向基核函数，初始核参数设置为 0.001。计算 3 种方法预测值与实际值的均方误差（MSE）和平均绝对误差（MAE）性能指标，结果如图 8.4 和图 8.5 所示。从图中可以看出,LSTM的预测性能指标MSE和MAE都低于BPNN、SVM,MSE平均值分别低于0.01和0.26,MAE平均值分别低于0.05和0.12,这说明LSTM在处理具有时间序列特性的飞行参数数据时,具有较好的预测性能。

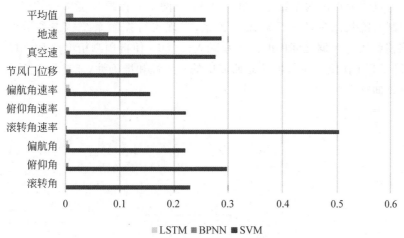

图 8.4　预测指标 MSE 对比图

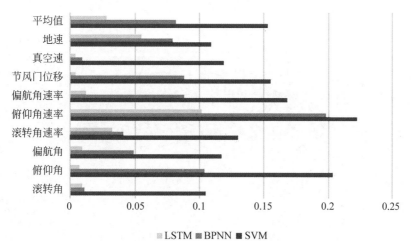

图 8.5　预测指标 MAE 对比图

8.5　本章小结

监测飞行控制系统状态参数是保证航空飞行器飞行安全的重要手段。针对航空飞行器飞行控制系统状态参数监控问题,首先建立了问题模型,确定了飞行控制系统各组成部分的监控输入输出参数,然后针对航空飞行器飞行控制系统的组成特点和飞行控制律,设计并构建了基于长短时记忆网络(LSTM)的飞行控制系统状态监控模型,利用航空飞行器历史飞行数据训练模型,利用训练好的模型预测状态参数值,通过预测值与实测值之间的对比实现状态监控。通过实验得出两个结论:第一,LSTM 网络监控模型能够有效建立飞行参数数据与飞行控制系统状态参数的回归映射关系,实现飞行控制系统状态参数的监控;第二,LSTM 网络能将飞行数据之间的时序关系融入模型中,使得预测精度比 BPNN 和 SVM 高。实验验证了 LSTM 在航空飞行器状态监测中的有效性和准确性,能够为航空飞行器飞行管理决策提供数据支持。

第9章

航空飞行器关键飞行参数预测模型

9.1 引言

随着航空飞行器的广泛应用,其飞行安全成为航空领域重点关注的问题。发动机作为航空飞行器的核心分系统,其工作状态是影响航空飞行器飞行安全的关键因素。国内外学者对发动机状态参数的监测进行了大量研究与尝试,方法大致可以分为两类:一类是基于部件物理模型的方法。例如,Borguet 等通过建立发动机各部件性能参数的回归残差模型,实现发动机各性能参数的异常检测;Tsoutsani 等通过构建部件健康状况的动态模型实现发动机剩余使用寿命预测。另一类是基于数据驱动的方法。例如,Sina 和 Fast 等对发动机构建神经网络监测模型,用于发动机的状态监测;潘鹏飞等利用航空发动机在试飞过程中产生的数据,建立基于遗传算法改进优化的神经网络的参数预测模型;吕超等设计了一种基于贝叶斯信息准则的密度峰值聚类分析算法和共享邻域算法相结合的算法对航空发动机数据进行准确分类与标记,为航空发动机状态监测提供数据支持;杨学森等针对传感器得到的缺失数据和误差数据以及传感器失效的情况,提出一种动态数据融合模型,该模型对涡扇发动机的物理参数进行数据融合并预测。基于物理模型的方法构建模型复杂,预测结果受限于模型准确率的限制。

随着传感器技术的发展,飞机上安装了成百上千个传感器,将传感器获得的飞机各工作部件的状态参数、飞行姿态参数和环境信息等与飞行相关的参数,采集并存储到快速存取记录器(Quick Access Recorder,QAR)中。如何充分利用这些数据,对其进行有效的分析处理,为飞行质量评估、飞行安全监控提供辅助决策是当前飞行领域中的一大研究热点。随着航空飞行器飞行时间的增加,航空飞行器的各组成部件极易出现老化、性能衰退等情况,给航空飞行器的飞行安全生产造成重大威胁。随着基于状态维修技术的广泛应用,极大减少了部件出现突发性严重损坏情况,为航空飞行器的可靠性带来诸多益处。航空飞行器状态趋势参数预测作为基于状态维修技术的核心环节,被广泛研究,目前,状态参数的预测算法可以分为线性和非线性两类预测算法。

1. 线性预测算法

线性预测算法是指参数的预测未来值与过去历史值构建线性关系模型。最经典的线性预测算法是求和自回归移动平均(Auto Regression Integrated Moving Average,ARIMA)模型,该模型对一元时间序列参数 x_t 的关系表达式为

$$\phi(B)\nabla^d x_t = \Theta(B)\varepsilon_t \tag{9-1}$$

式中,$\phi(B)=\prod_{i=1}^{p}(1-\lambda_i B)$ 为 p 阶自回归系数多项式,λ_i 为自回归方程的 p 个特征根;$\nabla^d x_t = \sum_{i=0}^{d}(-1)^i C_d^i x_{t-i}$,$C_d^i = \dfrac{d!}{i!(d-i)!}$ 为对序列进行 d 阶差分运算;$\Theta(B)=\prod_{k=1}^{q}(1-\lambda_k B)$ 为 q 阶移动平均系数多项式;$\varepsilon_t = \dfrac{x_t}{\prod_{k=1}^{q}(1-\lambda_k B)}$ 为随机干扰项。

ARIMA 模型不仅表示一元参数时间序列从过去到未来的内部相互依赖关系,同时表示现在时刻与过去时刻扰动之间的关系。在 QAR 记录的参数中,发动机状态的关联参数有多个,这些参数相互联系、相互影响,只采用针对一元指标建立的 ARIMA 模型,不能考虑多元参数之间的影响。向量自回归(Vector Auto Regressive,VAR)模型是由美国计量经济学家 Sims 最早提出的。相对于 ARIMA 模型,VAR 模型解决了多个参数间的滞后交叉影响。以二元参数序列 X_t 和 Y_t 为例,VAR 模型表示为

$$\begin{bmatrix}X_t\\Y_t\end{bmatrix}=\begin{bmatrix}w_x\\w_y\end{bmatrix}+\begin{bmatrix}\alpha_{x1}&\beta_{x1}\\\alpha_{y1}&\beta_{y1}\end{bmatrix}\begin{bmatrix}X_{t-1}\\Y_{t-1}\end{bmatrix}+\cdots+\begin{bmatrix}\alpha_{xp}&\beta_{xp}\\\alpha_{yp}&\beta_{yp}\end{bmatrix}\begin{bmatrix}X_{t-p}\\Y_{t-p}\end{bmatrix}+\begin{bmatrix}\varepsilon_{xt}\\\varepsilon_{yt}\end{bmatrix} \tag{9-2}$$

线性模型 ARIMA 模型和 VAR 模型的特点是计算简单,求解速度快,但是对于多元参数之间的非线性映射关系不能很好表达,例如发动机排气温度(Exhaust Gas Temperature,EGT)与发动机转速、滑油压力、滑油温度等之间、飞行控制系统执行机构的控制参数之间的关系,这些参数间存在复杂的非线性映射关系,用非线性预测算法构建的模型预测精度会更高。

2. 非线性预测算法

非线性预测算法是指构建参数预测未来值与过去历史值之间的非线性映射关系,主要包括决策树、贝叶斯网络、支持向量机和人工神经网络等算法,每种方法的特点如下所述。

（1）基于决策树的预测算法。该算法采取自顶向下的递归方式，主要是用来解决有监督学习问题，通过与内部节点属性值的比较，决定下一个节点，最终得到的叶节点是预测结论，文献[76]提出了一种决策树优化算法 XGBoost(Extreme Gradient Boosting)，是一种新式的机器学习算法，在很多领域得到了较好应用，但在时间序列数据分析领域预测效果并不理想。

（2）基于贝叶斯的预测算法。该算法通过构建随机变量的贝叶斯网络进行预测，该网络是一个有向无环图(Directed Acyclic Graph，DAG)，随机变量是图中节点，而各变量间互相依赖的条件概率是图中的有向边，即有向边表示随机变量间的条件依赖，DAG 的构建过程通常需要业务领域专家完成，概率的取值也依赖于专家的经验，所以该算法实际应用起来有一定局限性。

（3）基于支持向量机的预测算法。该算法用核函数将非线性数据映射到高维空间，在高维空间寻找数据的最优分类超平面对数据分类，通过计算距离实现类别的预测。支持向量机在解决小样本数据问题中具有优势，但对于飞行大数据分析处理上耗时较长、预测精度效果不好。

（4）基于人工神经网络(Artificial Neural Network，ANN)的预测算法。1943 年，美国心理学家 Warren McCulloch 和数学家 Walter Pitts 合作撰写论文《神经活动中内在思想的逻辑演算》，首次提出了"神经网络"的概念，揭示人的神经元活动的基本原理的同时，构建了计算神经网络的数学模型。1949 年，Hebbian 在专著《行为的组织：一个神经心理学的理论》中提出了赫布律，又称突触学习学说，其主要思想是神经元之间联系越多、使用越频繁，神经通路越强大，经验则越丰富，该理论为 ANN 的发展提供了理论依据。1958 年，Rosenblatt 提出了大脑中信息存储和组织的概率模型——感知器，这是第一个具有学习能力的 ANN。1969 年，Minsky 和 Papert 解释了感知器的计算理论，为 ANN 的发展向前推进一步。1984 年，Hopfield 提出了具有分级响应的神经元具有与双态神经元类似的集体计算特性，该特性有助于 ANN 的信息处理。1986 年，Rumelhart 等提出了反向传播网络，该网络通过反向误差学习提高了网络性能，但是对于大样本数据收敛速度比较。1996 年，Masulli 等通过引入主成分分析提高多层感知器的学习速度。1998 年，Lecun 等为了避免 BP 网络的全连接神经元带来的参数计算膨胀的问题，引入了卷积核，上层神经元与卷积核进行卷积得到下层神经元，这就避免了过拟合和陷入局部最优的情况出现，主要应用于图像处理领域。2004 年，García-Pedrajas 等提出了多层感知器的协同进化网络，基于不同的网络模块协同工作，优化网络性能。2006 年，Hinton 等提出了深度信念网络，该网络是基于观察数据与标签之间的联合概率生成的模型，可应用于手写字识别、语音识别和图像处理等领域。对于时间序列数据，递归神经网络更适合，为了避免 RNN 网络经常出现的梯度消失情况，长短时记忆(Long Short Term Memory，LSTM)网络被提出，一经提出就在时间序列数据分析领域得到广泛应用。

本章针对航空飞行器历史飞行过程中产生的飞行参数数据，首先针对问题建模，然后提出了两种预测算法预测关键参数：一种是线性预测算法——向量求和自回归移动平均模型（Vector Auto Regression Integrated Moving Average，VARIMA）实现发动机状态参数预测；另一种是非线性预测算法——LSTM 与 XGBoost 的飞行参数预测算法。

9.2　问题建模

在飞行过程中，航空飞行器借助传感器采集得到大量的 QAR 飞行参数数据，其中发动机采集得到的主要状态参数及其意义如表 9.1 所示。航空飞行器操控人员通过监控这些状态参数的取值来监测发动机的工作状态。当状态参数的取值超出其上下限，或者数据出现异常波动情况，操控人员要进行相应的故障检测与处理，防止飞行事故的发生。航空飞行器操控人员希望通过分析航空飞行器历史 QAR 飞行参数数据，预测发动机状态参数变化趋势，在下一次起飞前事先了解发动机的状态参数未来一段时间的情况，为故障检测与处理留有更充分的时间。

表 9.1　航空飞行器发动机主要状态参数及其意义

序号	状态参数	参 数 意 义
1	发动机转速	属于快速变化的信号，表明发动机的瞬时工作状态，实时反映发动机的工况是否正常
2	节风门位移	反映了发动机的功率状态。在 100% 节风门开度时，发动机可以发挥出最大连续功率；节风门开度减小，发动机的功率逐渐降低
3	滑油压力	滑油压力过低或者因滑油管路堵塞而造成的滑油压力过高，发动机磨损会较大，磨损太大会损坏发动机
4	排气温度	属于快速变化的信号，表明发动机的瞬时工作状态，实时反映发动机的工况是否正常

9.3　基于优化 VARIMA 的飞行参数预测模型

9.3.1　模型设计

由于 QAR 飞行参数数据是时间序列数据，各参数的相邻取值具有依赖性，可以通过时间序列分析算法，分析按照时刻点采集得到的各个参数所反映出来的变化规律与发展趋势，从而预测参数未来可能的取值。采用将 ARIMA 模型和 VAR 模型组合的方式构建预测模型 VARIMA。模型以航空飞行器历史 QAR 飞行参数数据作为输入，抽取发动机状态参数数据，通过 VARIMA 时间序列分析算法，利用模拟退火算法优化模型参数取值，实现发动机未来状态参数值的预测，模型工作流程如图 9.1 所示。

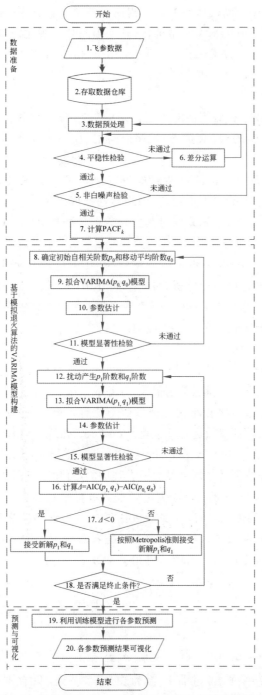

图 9.1　基于改进 VARIMA 发动机状态参数预测模型

基于改进 VARIMA 发动机状态参数预测模型整个流程分为 3 部分：一是数据准备；二是基于模拟退火算法的 VARIMA 模型构建；三是预测与可视化。具体步骤如下。

步骤 1 利用数据抽取技术(Extract-Transform-Load,ETL)将航空飞行器各飞行架次历次飞行的 QAR 数据抽取到数据仓库。目的是将历史 QAR 数据整合到一起，为航空飞行器的飞行决策提供分析依据。

步骤 2 将 QAR 数据存储到面向主题构建的航空飞行器系统的数据仓库。为了分析航空飞行器历次飞行产生的 QAR 数据,按照面向主题的方式构建数据仓库,以提高数据查询统计分析效率。

步骤 3 从数据仓库中读取数据,对数据进行预处理。QAR 中的数据来源于多个传感器,由于传感器工作状态可能出现不稳定、网络传输数据出现误差等问题造成采集的数据存在缺失值、异常值、冗余值等,首先需要对其进行数据预处理,才能进行数据分析。

数据预处理内容包括如下。

(1) 数据二次采样。QAR 参数采样频率较高,几十毫秒甚至几毫秒采集一次数据,如果对这些数据不加裁剪,直接进行分析,时间空间开销都比较大。为了降低数据量级,提高分析效率,对数据样本进行二次采样,采样频率设置为每隔 1 s 截取数据。

(2) 缺失值填补,异常值替换。依据 QAR 飞行参数数据渐进变化的特点,对于缺失值、异常值,采用与其相邻数值的中位数进行填补、替换。

(3) 数据标准化。由于发动机转速、滑油温度、滑油压力和排气温度 4 个状态参数的单位和范围不同,而且它们的方差数量级差别很大,方差数量级较大的特征参数在目标函数值中所占比重较大,将导致方差数量级较小的特征参数不能有效影响模型,从而导致回归模型不准确,所以要对不同量级的特征参数进行标准化。Z-score、Min-max 和 MaxAbs 标准化方法为常见的 3 种数据标准化方法。由于传感器的不稳定性,一般会有离群数据存在,故选用 Z-score 数据标准化方法,即采用特征参数的测量值减去其均值,再除以其标准差的方法。

步骤 4 对预处理后的基于时间序列的各参数进行平稳性检验。由于向量自回归模型只适用于平稳的时间序列数据,所以需要对数据进行平稳性检验之后才能构建模型。所谓平稳性检验,是通过判别参数的自相关系数是否随着滞后阶数的增加而很快趋于 0,如果趋于 0 则序列是平稳的,否则序列不平稳。自相关系数 ρ_k 为

$$\rho_k = \frac{\sum_{t=1}^{n-k}(x_t - \bar{x})(x_{t+k} - \bar{x})}{\sum_{t=1}^{n}(x_t - \bar{x})^2}, \forall 0 < k < n \tag{9-3}$$

如果 $\rho_k \to 0$,则序列平稳,转第 4 步,否则,转第 5 步。

步骤 5 对于平稳序列,再进行是否为白噪声序列,只有非白噪声序列才能构建 ARIMA 模型。白噪声的检验借助 Ljung-Box。Ljung-Box 检验的原假设 H_0：数据总体的

相关系数 $\rho_1 = \rho_2 = \cdots = \rho_k$，为 0，备择假设 H_1：原本的数据不独立，存在某个 $\rho_k \neq 0 (k \leqslant n)$，构造的统计量 $Q(k)$ 为

$$Q(k) = n(n+2)\sum_{i=1}^{k}\frac{\rho_i}{n-i} \tag{9-4}$$

式中，统计量 $Q(k)$ 服从自由度为 n 的卡方分布，n 为样本数目，k 为指定的数；ρ_i 为 i 阶自相关系数。白噪声序列是指对于给定的显著性水平 α，其拒绝域 $Q(k) > \chi^2_{1-a,n}$。若为白噪声序列，转第 2 步；非白噪声序列则转第 6 步。

步骤 6　对于非平稳序列，采用差分运算，对于波动较大的参数值用该值相邻项值差替代，从而降低数据之间的差异而趋于平稳，差分后转第 4 步。

步骤 7　根据自相关系数 ρ_k 计算偏相关系数 PACF_k，计算公式为

$$\mathrm{PACF}_k = \frac{D_k}{D}, \quad \forall 0 < k < n \tag{9-5}$$

$$\boldsymbol{D} = \begin{vmatrix} 1 & \rho_1 & \cdots & \rho_{k-1} \\ \rho_1 & 1 & \cdots & \rho_{k-2} \\ \vdots & \vdots & \vdots & \vdots \\ \rho_{k-1} & \rho_{k-2} & \cdots & 1 \end{vmatrix} \cdots \tag{9-6}$$

$$\boldsymbol{D}_k = \begin{vmatrix} 1 & \rho_1 & \cdots & \rho_1 \\ \rho_1 & 1 & \cdots & \rho_2 \\ \vdots & \vdots & \vdots & \vdots \\ \rho_{k-1} & \rho_{k-2} & \cdots & 1 \end{vmatrix} \tag{9-7}$$

步骤 8　确定模型初始自相关阶数 p_0 和移动平均阶数 q_0，这 2 个值的确定取决于自相关系数 ρ_k 和偏相关系数 PACF_k 的性质。

步骤 9　根据确定的阶数，建立 $\mathrm{VAR}(p_0, q_0)$ 和 $\mathrm{ARIMA}(p_0, q_0)$ 相结合的 $\mathrm{VARIMA}(p_0, q_0)$ 模型。以二元参数序列 X_t 和 Y_t 为例，$\mathrm{VARIMA}(p, q)$ 模型表示为

$$\begin{bmatrix} X_t \\ Y_t \end{bmatrix} = \begin{bmatrix} w_x \\ w_y \end{bmatrix} + \begin{bmatrix} \alpha_{x1} & \beta_{x1} \\ \alpha_{y1} & \beta_{y1} \end{bmatrix}\begin{bmatrix} X_{t-1} \\ Y_{t-1} \end{bmatrix} + \cdots + \begin{bmatrix} \alpha_{xp} & \beta_{xp} \\ \alpha_{yp} & \beta_{yp} \end{bmatrix}\begin{bmatrix} X_{t-p} \\ Y_{t-p} \end{bmatrix} + \begin{bmatrix} \varepsilon_{xt} \\ \varepsilon_{yt} \end{bmatrix}$$

$$- \begin{bmatrix} \theta_{x1} & \sigma_{x1} \\ \theta_{y1} & \sigma_{y1} \end{bmatrix}\begin{bmatrix} \varepsilon_{xt-1} \\ \varepsilon_{yt-1} \end{bmatrix} - \cdots - \begin{bmatrix} \theta_{xq} & \sigma_{xq} \\ \theta_{yq} & \sigma_{yq} \end{bmatrix}\begin{bmatrix} \varepsilon_{xt-q} \\ \varepsilon_{yt-q} \end{bmatrix} \tag{9-8}$$

该模型充分考虑了多元参数之间的相互影响，同时考虑了过去时刻的扰动对多元参数的影响。

步骤 10　对 $\mathrm{VARIMA}(p_0, q_0)$ 模型中的未知参数矩阵中的参数进行估计。矩估计、极大似然估计和最小二乘法为常见的 3 种估计方法。

步骤 11　针对构建的 $\mathrm{VARIMA}(p_0, q_0)$ 模型进行显著性检验，通过判断模型拟合后的残差序列是否为白噪声序列来说明拟合模型是否有效。若残差序列为白噪声序列，则模

型拟合较好,相关信息都已被拟合进模型中;若残差序列为非白噪声序列,则说明模型拟合不好,残差序列中还存在未被提取的相关信息,需转第 8 步重新调整模型初始阶数 p_0 和 q_0重新进行拟合。

步骤 12 依据自相关系数 ρ_k 计算偏相关系数 $PACF_k$ 的性质,分别在阶数 p_0 和 q_0 附近产生新的 p_1 和 q_1。

步骤 13 根据确定的新阶数 p_1 和 q_1,建立 VARIMA(p_1, q_1)模型。

步骤 14 对于 VARIMA(p_1, q_1)模型中的未知参数矩阵中的参数进行估计。

步骤 15 针对构建的 VARIMA(p_1, q_1)模型进行显著性检验,检验模型是否有效,检验未通过转第 12 步重新调整模型阶数 p_1 和 q_1 进行拟合模型。

步骤 16 从所有通过显著性检验的 VARIMA(p_0, q_0) 和 VARIMA(p_1, q_1)模型中选择最优模型。利用赤池信息准则(Akaike Information Criterion,AIC)来判断模型的好坏。AIC 表达式为

$$AIC = 2(p + q + 1) - 2\ln(L) \tag{9-9}$$

式中,L 为模型的极大似然函数,该函数值越大,模型阶数 p 和 q 越低,则 AIC 值越小,说明模型越简洁,模型越优。

步骤 17 通过判断

$$\Delta = AIC(p_1, q_1) - AIC(p_0, q_0)$$

正负确定如何接受新的阶数 p_1 和 q_1。若 $\Delta < 0$,则直接接受新解 p_1 和 q_1,否则按照 Metropolis 准则接受新的阶数 p_1 和 q_1。此处为模拟退火算法思想的主要体现,借助 Δ 值进行阶数的选取,避免穷举阶数而造成的时间开销。

步骤 18 判断是否满足以下终止条件。

(1) 连续若干解都未被接受。

(2) 温度超过设定的阈值。

(3) 到达最大迭代次数。

若满足终止条件,则结束最优模型选择过程,否则,转第 12 步继续寻找最优解。

步骤 19 利用构建的最优拟合模型 VARIMA(p, q)进行参数预测,监控发动机参数变化趋势。

步骤 20 将各参数预测结果可视化输出。

9.3.2 实验与结果分析

选取某型航空飞行器部分架次的活塞式发动机飞行参数数据作为实验数据,取 80% 数据用来构建模型,20% 数据用来预测。航空飞行器飞行过程包括起飞、爬升、巡航、下降、进近、着陆 6 个阶段。由于不同阶段发动机的状态参数变化趋势各有不同,所以将实验数据分成 6 部分 QAR 数据分别进行分析,建立 VARIMA 模型,预测参数取值。实验的编程语言

为 Python,开发环境为 Spyder,用 numpy 库进行矩阵相关计算,用 pandas 库进行数据读写分析,用 statsmodels 库进行统计值的计算,用 matplotlib 库绘制曲线图进行数据可视化。可视化输出如图 9.2 所示,时间点为横轴。从图中可以看出,转速与节风门位移 2 个变量模型拟合得非常好,对于滑油压力和排气温度参数存在一些误差。

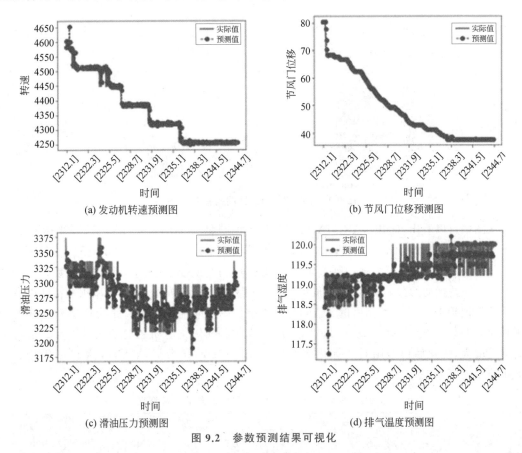

图 9.2　参数预测结果可视化

将 3 个模型(VARIMA、ARIMA、VAR 模型)分别对某架航空飞行器单次完整飞行的飞行数据进行分析预测,采用均方误差(Mean Square Error,MSE)、均方根误差(Root Mean Square Error,RMSE)和平均绝对误差(Mean Absolute Error,MAE)这 3 个评价指标来衡量每个模型的预测效果,具体公式如下所示。

$$\text{MSE} = \frac{1}{n} \sum_{i=1}^{n} (y_i - \hat{y}_i)^2 \tag{9-10}$$

$$\text{RMSE} = \sqrt{\frac{1}{n} \sum_{i=1}^{n} (y_i - \hat{y}_i)^2} \tag{9-11}$$

$$\text{MAE} = \frac{1}{n}\sum_{i=1}^{n} \mid y_i - \hat{y}_i \mid \tag{9-12}$$

将预测值与实际值分别求解平均绝对误差、均方误差和均方根误差,对比结果如图 9.3 所示。

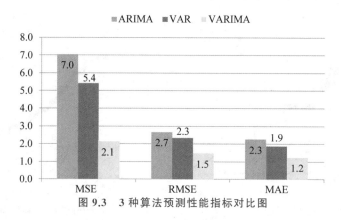

图 9.3　3 种算法预测性能指标对比图

从图中可以看出,优化 VARIMA 模型的误差明显低于 ARIMA 和 VAR,预测指标 MSE 低于 4.9 和 3.3,RMSE 低于 1.2 和 0.9,MAE 低于 1.0 和 0.6,说明 VARIMA 模型的预测性能好。分析其原因,VARIMA 模型既考虑了参数之间的内在逻辑关系,又考虑了参数自身的时间影响和误差扰动的影响,将参数之间的相互作用考虑到预测模型,使得模型预测精度更高。

基于模拟退火算法优化后的 VARIMA 模型预测时间与优化前只是穷举参数方式的预测时间对照如表 9.2 所示。对于 2000 条数据,优化后和优化前所用时间相差不大。随着数据量的增大,优化后模型用时比优化前都少,对于 20 000 条数据,VARIMA 模型优化后比优化前节省了 0.23s。

表 9.2　航空飞行器发动机主要状态参数及其意义

算　　法	数　据　量			
	2000	5000	10 000	20 000
优化后 VARIMA	0.08	0.22	0.51	0.84
VARIMA	0.08	0.26	0.62	1.07

9.4　基于 LSTM 与 XGBoost 的飞行参数预测模型

9.4.1　基于 LSTM 的状态参数预测方法

LSTM 是一种 RNN 的改进模型,解决了 RNN 在处理时间序列数据时所产生的梯度消失和维度爆炸问题。定义原始发动机状态参数序列为 $F_0 = \{f_1, f_2, \cdots, f_n\}$，为了适应隐藏层输入，需要对序列数据设定分割窗口大小为 L，学习率为 η，设定 LSTM 细胞状态向量大小为 S，隐藏层输出为 P，则训练过程的损失函数为

$$\mathrm{loss} = \sum_{i=1}^{L(m-L)} \frac{(p_i - y_i)^2}{L(m-L)} \tag{9-13}$$

基于 LSTM 的航空发动机状态预测模型预测流程如下。

(1) 获取航空发动机状态参数数据 F，窗口大小为 L，学习率为 η。

(2) 行数据分割和数据预处理，对状态参数数据进行归一化处理。

(3) 初始化模型。

(4) 按照公式计算 LSTM 模型的输出值 P。

(5) 按照反向传播算法计算 LSTM 细胞的误差 loss。

(6) 根据误差项，应用梯度优化算法更新权重。

(7) 将数据输入 LSTM 模型，并利用网格搜索方法对模型参数进行调优，得到最优的预测模型。

(8) 用最优参数预测模型预测测试数据集结果。

(9) 对比测试数据集结果和真实数据之间的差异。

9.4.2　基于 XGBoost 的状态参数预测方法

XGBoost(Extreme Gradient Boosting)是梯度提升决策树算法的一种优化算法，于 2015 年被陈天奇作为一种新型的机器学习算法提出，对有监督学习问题是一种高效的解决方法，现已在诸多领域的预测问题中得到了较好应用。但是其在分析时间序列数据时，具有检测速率慢、精度不高的缺点。XGBoost 是基于决策树的集成机器学习算法，它以梯度提升(Gradient Boost)为框架，增强弱学习器的分类效果。XGBoost 的目标函数主要由训练误差函数和正则化两部分组成，训练误差函数经过二阶泰勒展开可以更加高效地得到最优解。其目标函数如下所示。

$$\begin{aligned}
\mathrm{obj}(t) &= L(\theta) + \Omega(t) \\
&= \sum_{i=1}^{n} l(y_i - \hat{y}_i) + \Omega(f(t)) \\
&\approx \sum_{i=1}^{n} \left[l(y_i - \hat{y}_i^{(t-1)}) + g_i f_t(x_i) + \frac{1}{2} h_i f_t^2(x_i) \right] + \Omega(f(t))
\end{aligned} \tag{9-14}$$

其中：

$$g_i = \frac{\partial l(y_i, \hat{y}_i^{(t-1)})}{\partial \hat{y}_i^{(t-1)}} \tag{9-15}$$

$$h_i = \frac{\partial^2 l(y_i, \hat{y}_i^{(t-1)})}{\partial^2 \hat{y}_i^{(t-1)}} \tag{9-16}$$

$$\Omega(f(t)) = \gamma T_t + \frac{1}{2}\lambda \parallel w_t \parallel^2 \tag{9-17}$$

$L(\theta)$ 为训练误差函数，$L(\theta) = \sum_{i=1}^{n} l(y_i - \hat{y}_i)$；$\Omega(t)$ 为正则项，表示生成树结构的复杂度，用来防止模型过拟合；γ、λ 为正则化超参数；T_t 为当前时刻节点的个数；w_t 为当前时刻节点的权值；y_i 为真实值；$\hat{y}_i$ 为模型估计值；$f_t(x_i)$ 为第 t 棵树的输出结果；$\hat{y}_i^{(t-1)}$ 为前一时刻模型的输出结果。

基于 XGBoost 的航空发动机参数预测流程如下。

（1）获取航空发动机状态参数数据，进行数据预处理。对每一个评价指标数值进行归一化处理，归一化公式如下：

$$\bar{x}_i = \frac{x_i - \min_{1 \leqslant j \leqslant n}\{x_j\}}{\max_{1 \leqslant j \leqslant n}\{x_j\} - \min_{1 \leqslant j \leqslant n}\{x_j\}} \tag{9-18}$$

（2）样本数据分组。将样本数据随机划分为 K 个不相关的子集进行交叉验证，每个子集样本数量相同，交叉验证的核心思想是把 8 个子集作为训练样本，剩下的 1 个子集作为测试样本进行验证，通过 9 次交叉验证提高模型训练效果。

（3）基于 XGBoost 的预测模型训练。将指标数据输入 XGBoost 模型，并利用网格搜索方法对模型参数进行调优，得到最优的参数预测模型。

（4）用最优参数预测模型预测测试数据集结果。

（5）对比测试数据集结果和真实数据之间的差异。

具体的算法流程如图 9.4 所示。

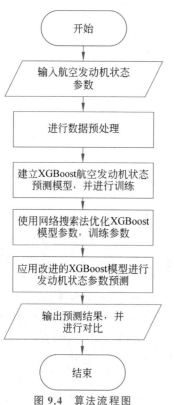

图 9.4 算法流程图

9.4.3 基于 LSTM 与 XGBoost 组合预测方法

通过上述方法得到 LSTM 和 XGBoost 的预测结果后，采用差异系数法对两个预测时序数据进行加权组合，f_t 是组合预测后的结果，设 w_i 为权重系数，f_t^1 为 LSTM 的预测值，f_t^2 为 XGBoost 的预测值。v_i 是模型预测值变异系数，σ_i 是模型预测值的标准差，$\bar{x}_i$ 是模型预测值的平均值。

$$f_t = w_1 f_t^1 + w_2 f_t^2 \tag{9-19}$$

$$w_i = \frac{v_i}{\sum_{i=1}^{n} v_i} \tag{9-20}$$

9.4.4　实验与结果分析

实验所用的计算机配置如下：Windows 系统，Intel Core i7-8750H 处理器，GeForce GTX 1060 显卡，显存为 6GB，使用 MATLAB 语言编程。选取某型飞机发动机转速、发动机温度为实验样本，共 400 组，经过预处理后的指标数据如图 9.5 所示。

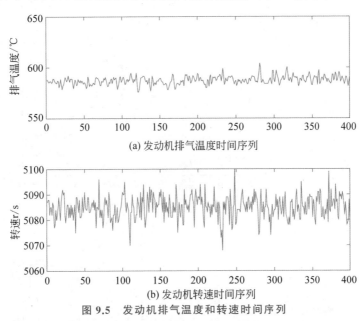

(a) 发动机排气温度时间序列

(b) 发动机转速时间序列

图 9.5　发动机排气温度和转速时间序列

将预处理后的数据分为两组，前 380 次是训练数据，后 20 次是测试数据，将训练数据输入 XGBoost 模型进行训练，训练过程中采用网格搜索算法对模型参数进行调优，参数优化前后的数值变化如表 9.3 所示，经过训练得到了最优 XGBoost 预测模型。

表 9.3　网格搜索调参前后的参数变化

参 数 序 号	参 数 名 称	调 参 前	调 参 后
1	n_estimators	50	80
2	max_depth	3	4
3	learning_rate	0.09	0.07
4	min_child_weight	1	0.8
5	subsample	1	0.95
6	gamma	1	0.2

应用最优组合预测模型预测测试集数据与真实数据之间的比较如图 9.6 所示。可以看出模型的预测效果与真实数据之间的结果基本一致。

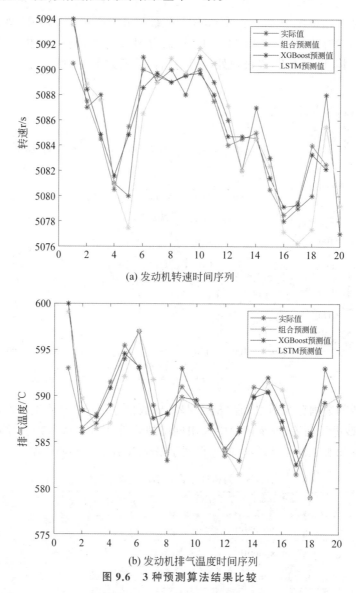

(a) 发动机转速时间序列

(b) 发动机排气温度时间序列

图 9.6　3 种预测算法结果比较

用同一训练集训练基于 LSTM 和 XGBoost 的组合预测模型、基于 LSTM 的预测模型、基于 XGBoost 的预测模型,比较测试数据集在本节提出的组合预测模型和各个独立的预测模型预测结果的评价指标,结果如表 9.4 所示。

表 9.4　3 种预测模型预测性能评价指标比较

模 型 名 称	MSE	RMSE	MAE
组合预测模型	0.007	0.0258	0.0210
XGBoost	0.0160	0.1400	0.1160
LSTM	0.0102	1.005	1.004

从表 9.4 可以看出,组合预测模型在预测值与实际值的拟合度上表现较好,其预测性能高于其他两种模型。由图 9.6 可知,基于 LSTM 和 XGBoost 的组合预测模型精度高于其他预测模型,其预测结果与实际曲线变化趋势基本一致。

经过以上实验,说明本节提出的组合预测模型在航空发动机状态参数预测中比其他机器学习算法的预测性能要好,从而验证了基于 LSTM 和 XGBoost 的组合预测模型的可行性。

9.5　本章小结

发动机作为航空飞行器的核心分系统,其工作状态是影响航空飞行器飞行安全的关键因素。为了监控航空飞行器发动机的工作状态,本章提出了线性和非线性两类预测算法。

将航空飞行器系统采集得到的大量飞行过程中基于时间序列的飞行参数数据作为输入,提取飞行参数数据中影响发动机工作状态的关键参数,提出了一种线性预测算法——基于多参数关联的向量求和自回归移动平均模型,利用模拟退火算法对模型参数进行了优化设置,提高了模型收敛速度。所建立的模型能有效预测发动机各关键参数的未来趋势,并将趋势可视化输出。针对航空飞行器多个飞行架次的飞行参数数据进行实验,实验结果表明:模型有效,预测精度高。

针对航空发动机状态监控问题,本章提出了一种非线性预测算法——基于 LSTM 和 XGBoost 的组合预测模型预测航空发动机状态参数,利用网络搜索算法优化 XGBoost 模型和 LSTM 模型参数,提高了模型在航空发动机状态参数中的预测性能,并选取发动机转速、发动机排气温度两个发动机状态参数进行仿真预测实验,通过对比组合预测模型、XGBoost 模型、LSTM 模型预测结果的评价指标,验证提出的组合预测模型预测航空发动机状态参数的有效性。航空飞行器操控人员可以利用预测值及时发现发动机存在的安全隐患,为发动机的预防性维修提供数据支持。

第10章

航空飞行四维航迹预测

10.1　引言

随着全球航空运输业的蓬勃发展,如何管理空中交通,以解决航班延误、飞行冲突、空域拥堵、容量失衡等各种问题,成为航空管制或空中交通管理中的重要研究领域。为此,美国提出了"下一代空中交通系统"(Next Generation Air Transportation System,NextGEN),欧洲提出了"欧洲单一天空空中交通管理研究"(Single European Sky ATM Research,SESAR)计划,相关学者也开发了各种决策支持工具,以通过设计各种航班排序和调度、冲突检测与处理、容流匹配与优化等工具和系统,辅助管制员的决策,从而更好地保障飞行安全、减轻人员负担、提高运转效率。

航迹预测作为分析航空器运行轨迹的方法,是实现上述目标的基础,也是现代空中交通管制工作的关键技术。研究航空器的四维航迹预测,既有助于实现对飞行状态的"知天知地",又有助于实现对潜在问题的"未雨绸缪",对于提高空中交通状态的透明度,减少管制指挥的盲目性,具有重要意义。

为此,本章首先给出四维航迹预测的问题定义与应用场景,然后介绍相关的数据集、算法和系统,最后展望未来的重点发展方向。

10.2 问题定义与应用场景

四维(4D)航迹(Four Dimensional Trajectory)是指航空器在空中位置随时间变化的轨迹,即航空器的三维空间位置(经度、纬度和高度)随时间维度变化而构成的数据序列。4D航迹预测研究如何基于航空器的历史航迹、速度、航向,以及气象、人员意图等信息,利用航空器动力学模型、机器学习等方法,对航空器未来时刻的经度、纬度和高度进行预测。

航迹预测在航空管制领域具有重要作用,它有助于提高航空器的安全裕度、维护空中交通秩序和保障空中交通流量等。具体而言,航迹预测对于保障飞行安全、提高调度效率的价值可以总结为以下4方面的应用场景。

10.2.1 空中交通流量管理

空中交通流量管理是航空管制领域的常见任务,也是核心任务之一。航迹预测在此过程中扮演关键角色。准确的航迹预测可以帮助管制员优化航班之间的间隔,避免空中交通拥堵,提高空中交通效率。具体而言,借助航迹预测,航空管制员可以掌握每架飞机的预期航迹,以此预测空中交通流量的变化,从而提前识别可能产生拥堵的区域和时间段。进一步,管制员可以根据预测的航迹合理地规划调整飞行航线或航班间的间隔时间,制订更准确、高效的航班调度计划,从而协调航班之间的流量分配,确保飞机在空中顺畅飞行,并减少航空飞行器的等待时间。

10.2.2 飞行冲突预警

通过航迹预测的运用,可及时识别和解决飞行冲突,有效提高航空安全水平。飞行冲突是航空安全的严重威胁之一。航迹预测在飞行冲突预警系统中起着重要作用。通过分析速度、航向等飞行数据的变化,实时预测航空器的未来航迹,并结合航班计划和其他飞机的数据,综合考虑航空器之间的间隔、速度和高度等因素,自动预测识别可能存在的接近和冲突情况,并向管制员发出警报。航空管制员利用预测的航迹信息采取相应措施,如引导飞机改变航线、调整高度或速度,从而避免与其他飞机的冲突。此外,当紧急情况发生时,航迹预测也能帮助管制员分析飞机的航迹和速度变化,并迅速评估应对措施,如疏散飞机或寻找最近的安全降落点。

10.2.3 航路航线优化

航路航线优化能够有效减少航班延误,缩短航班总的飞行路径和飞行时间,节约成本,提高航空公司效益。航迹预测利用历史数据和实时数据分析飞机的航迹模式和速度变化,综合其他相关因素数据,如航班计划、气象数据和航空交通管制情况等,以获取更全面的信息进行综合分析。通过整合分析多个数据源的信息,为航空公司和航空管制机构优化航线方案,如采取更直接的航线、避免特定的空域拥堵区域或气象恶劣区域,优化飞行计划并提高航空运营效率等。

10.2.4 航班延误管理

航班延误对航空运营和旅客体验都有负面影响。航迹预测有助于航空管制员提前识别潜在的延误因素,并采取相应措施减少航班延误的发生。通过对航迹预测结果、气象、空域拥堵状况、机场状况等信息进行综合分析,一方面能够预测可能影响航班运行的状况,并及时提供建议和决策支持。例如,航迹预测系统分析出某一区域的天气变化对飞行可能产生影响,管制员可以提前根据预测调整飞行计划,通过改变航线或时间等方式避开恶劣天气区域,避免延误。另一方面能够及时准确预测出航班延误时间,有助于提前制定针对性应对方案,减少旅客的不良体验,减轻航班延误对航空运营的影响。

航迹预测在航空管制中具有重要的应用价值,因此,相关研究机构与航空公司等对航迹预测算法开展了广泛研究,发布了多个数据集以支撑算法验证,也开发了多个功能系统并推广应用。接下来将从数据集、算法模型与平台系统 3 方面讨论航迹预测的相关研究。

10.3 航迹飞行预测数据集

航迹预测的准确性和可靠性主要依赖于数据的质量和多样性。随着航空产业的发展和技术的进步,获取飞机航迹数据的手段得到了很大改善。因此,航空公司和航空管制机构积累了大量的历史航迹数据。此外,新兴技术如 ADS-B(Automatic Dependent Surveillance-Broadcast,广播式自动相关监视)系统和 ADS-C(Automatic Dependent Surveillance-Contract,协议式自动相关监视)系统能够提供更为准确和实时的飞机位置和航迹数据,这些数据的积累与完善是推动航迹预测研究发展、提高航迹预测准确性的基石。

除了航空器历史航迹数据,其他相关数据的整合也有力地提高了航迹预测的效果,如天气数据、意图指令数据、空域流量数据、机场运行数据等。这些数据可以提供丰富多样的信息以描述与航迹相关的多个变量因素,以帮助预测和分析航空器在不同环境和飞行阶段下的航迹变化。

10.3.1 TrajAir 数据集

TrajAir 数据集由 Jay Patrikar 等收集并于 2022 年发布。它记录的是宾夕法尼亚州匹兹堡市以北巴特勒地区机场中一条跑道上一段时间内的起降航迹,时间跨度为 2020 年 9 月

18日—2021年4月23日。作者对数据进行了清洗,删除了因机场维修、恶劣天气等原因而停飞日期的相关数据,共保留111天飞行数据。数据采集场景和部分航迹数据如图10.1~图10.3所示。

图 10.1　数据集采集机场实景图

图 10.2　机场俯视图与航路示意图

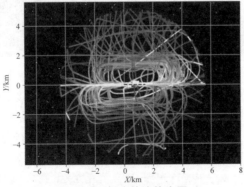

图 10.3　部分航迹热力图

　　TrajAir 数据集使用放置在机场场地内的 ADS-B 接收器来捕获轨迹数据。ADS-B 接收器接收其他飞机通过 ADS-B 广播的数据。对于没有 ADS-B 的飞机,由交通信息服务广播系统(Traffic Information Service Broadcast,TIS-B) 使用雷达获取飞机的位置,并将该信息转换为与 ADS-B 兼容的格式。

　　TrajAir 数据集提供了多架飞机在标准无塔台机场周围运行的轨迹记录,同时还提供了运行期间的天气条件。相关数据以文本的形式进行存储。其中第 1 列为飞机编号,第 2～4 列为飞机坐标位置信息(x,y,z),第 5、6 列为 x 和 y 方向的风速值。其中,数据采集帧率为 1Hz,坐标原点位于跑道中心点,x、y、z 分别代表跑道方向、跑道水平垂直方向和跑道平面纵向垂直的方向。

10.3.2　OpenSky Network 数据集

　　OpenSky Network 数据集是一个全球范围内的飞行数据集,收集并以开放源码的形式提供大量的航空交通数据,其中,包含了从全球各地数千个接收站接收到的飞机位置和状态信息。这些接收站使用 ADS-B 接收飞机发送的数据,并上传到 OpenSky 网站上,如图 10.4 所示。

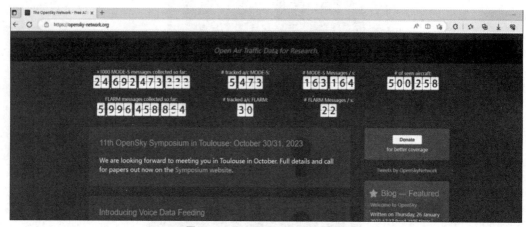

图 10.4　OpenSky Network 网站

　　数据集涵盖了多个方面的信息,包括飞机的位置、高度、速度、航向以及其他相关的元数据。数据以 JSON 格式进行存储,每个数据记录都是一个包含多个"键-值"对的 JSON 对象。基于该数据集,研究人员可以对航空领域的大规模数据进行分析研究,以开发飞行器追踪、航班检测和航空流量预测等相关算法。

10.3.3　FlightAware 数据集

FlightAware 数据集是一个全球领先的航空航班数据和信息提供商，如图 10.5 所示。作为一个跟踪航班、航班计划和航班运行的综合平台，FlightAware 提供了实时的、全面的航班追踪和航空数据服务。

图 10.5　FlightAware 网站

FlightAware 的数据来源于航空公司、航空管制机构、航空设备厂商和航空爱好者社区等多个渠道。通过整合这些数据，FlightAware 能够提供准确的航班信息，包括飞机的位置、航班状态、航班路径、计划时间和实际到达时间等。FlightAware 还提供了航班历史数据，用户可以查看过去的航班轨迹和起降时间。此外，FlightAware 还提供航班计划、航空公司航班数据库、航空器数据和航空流量统计等高级功能。

10.3.4　Flightradar24 数据集

Flightradar24 网站是一个广受欢迎的航班追踪网站，数据统计如图 10.6 所示，能够为用户提供实时航空交通信息。通过结合 ADS-B 技术、航空公司数据和地面雷达数据，可以准确追踪全球范围内的航班，并提供详细的航班信息和飞机位置。

用户可以在地图上查看飞机的实时位置、航线、高度、速度和呼号等信息。从该网站的开发者平台，用户可以获得 Flightradar24 的数据访问权限以访问 JSON、XML 等格式的航班数据。

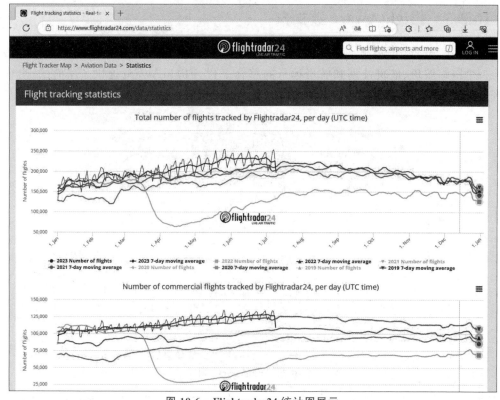

图 10.6 Flightradar24 统计图展示

10.3.5 BADA 数据集

BADA(Base of Aircraft Data)是一个广泛使用的航空性能模型和数据集,网站如图 10.7 所示,旨在提供各种飞机全面而准确的性能数据。BADA 数据集由 Eurocontrol 和航空工业界合作开发,并被广泛用于航空航班规划、飞行仿真、飞机性能评估和空中交通管理等领域。

该数据集包含了各种类型和各种规模的飞机的详细性能数据,这些数据包括飞机的气动性能、重量和平衡特性、发动机功率和燃油消耗率等关键参数,涵盖了起飞、巡航、下降和着陆等不同飞行阶段的性能特征。借助这些数据,相关研究人员可以进行准确的航班计划、燃油优化、飞行剖析和飞行模拟等工作。

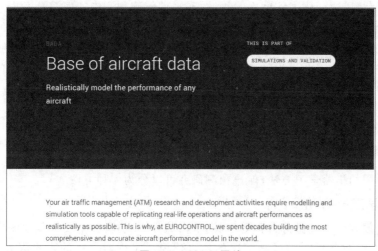

图 10.7 BADA 网站

10.4 航迹飞行预测算法

航迹预测模型研究如何设计算法,以结合航空器状态、气象、空域环境、航班计划等信息,挖掘分析历史航迹数据中的规律,从而预测未来一段时间内的航迹。其整体框架如图 10.8 所示。

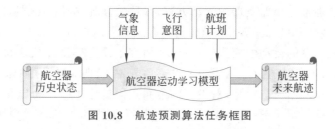

图 10.8 航迹预测算法任务框图

10.4.1 航迹预测任务分类

按照所预测航迹的时间长短,航迹预测研究可以分为两类任务。

(1) 短期航迹预测。通常是指数分钟以内的航迹预测。对该方向的研究有助于提高对实时冲突的风险监测能力。由于预测时间较短,在天气状况良好的情况下,风速等对飞行状态的影响较小。因此多数算法通常不考虑天气等对飞行状态的影响。但在某些场景下,低空风切变等风场会对飞行安全造成很大影响。尤其是在军事领域,当飞机在海上着舰时,经常面临海况复杂、风速变化大的问题。因此,在短期航迹预测中如何综合考虑风场因素对飞行航迹的影响,也是未来短期航迹预测领域的重要研究内容。

(2)长期航迹预测。通常是指 10 分钟以上的航迹预测,由于该方向在民航领域具有广泛且重要的应用价值,因此成为航迹预测的主流研究方向。对该方向的研究有利于提高对空域的管控和利用能力。在该场景下,由于预测的时长较长,因此需要综合考虑飞行计划、飞行意图、环境数据、航空器性能等多个要素。

10.4.2 航迹预测方法分类

按照所采用的机器学习方法,航迹预测研究可以分为 4 种方法。

1. 动力学建模方法

动力学建模方法通过微分方程等工具,从内部分析、仿真各个要素及要素之间的影响关系,从而实现对航空器受力与运动情况的仿真建模。飞行器航迹的影响因素可以归为人、机、环 3 方面,因此,在航空器的物理状态(如质量、阻力、迎角等)和运动状态(如推力、速度、迎角等)、环境(如风速、风向)、意图(如爬升、着舰等)已知的情况下,基于运动学方程分析给定时间间隔内的运动情况,即可实现航空器运动轨迹的预测。动力学仿真方式通常对短期航迹预测具有更好的效果,且能够仿真高海况等复杂起降飞行场景下的飞行状态。但构建动力学模型需要大量参数,这些参数可能由于保密或者测量原因而难以获取,导致信息往往不够准确。各种误差的叠加也容易导致所预测航迹的准确率下降。

2. 点质量模型(Point Mass Model,PMM)

点质量模型能够推导出航空器的运动方程,并且融合航空器意图、性能参数以及气象环境数据,从而更好地拟合目标。Weitz 等构造了有风和无风情况下的航空器点质量模型,并给出了不同类型航空器的运动学模型。Zammit 研究了简化模型在快速轨迹预测中推力下降时的使用效果,并证明该方法适用于短期航迹预测,在长期航迹预测中简化模型的误差积累较大。王超等使用基本飞行模型,对飞行的不同阶段构建了基于全能量方程的分阶段航迹预测模型。张军峰等基于 BADA 数据集,引入飞行意图,并考虑了气象因素,以研究进场阶段的航迹预测。Lee 等研究了不同飞行模式下航空器的非线性动力学模型,构造了基于随机混合系统模型的航空器跟踪与到达时间预测方法。蒋海行等研究了基于航空器意图的航迹预测方法,设计了航空器意图描述语言,引入人为操作意图对航迹的影响,有效提高了预测精度。Jiang 等通过整理并挖掘控制经验数据库以学习飞机的控制经验和飞行意图。吕波等使用总能量模型(Total Energy Model,TEM),通过结合六自由度模型和风场扰动函数进行航迹预测。

3. 状态估计方法

状态估计方法将航空器的运行过程看作状态转移过程,通过基于状态空间理论设计运动方程,构建状态转移矩阵,以研究未来时刻与历史时刻的位置、速度、角度等各个物理量之间的关系,从而描述系统的状态变化。该方法不需要航空器本身的性能参数,因此应用更为广泛。

根据模型使用的方式,状态估计方法可以分为单模型估计和多模型估计两种方式。其中,单模型估计指的是使用单个状态估计算法。常见的方法有卡尔曼滤波及其改进方法、自适应滤波方法、粒子滤波算法、隐式马尔可夫模型(HMM)算法等。例如,张萍萍等建立了运动目标的状态方程和观测方程,并构建卡尔曼滤波模型实现仿真环境下的航迹预测;王涛波等改进了卡尔曼滤波算法,该方法能够更好地实时估计系统噪声,从而提高航迹预测精度;杨霄鹏等结合模糊隶属度函数与卡尔曼滤波实现航迹预测;Lin 等采用隐式马尔可夫模型表示航空器位置和高度等模式转换的概率模型。

单模型方法框架简洁、推理迅速,但航空器的轨迹通常是多个影响因素随机线性组合的结果,因此单模型方法效果较为有限。多模型估计方法能够通过设计、组合多个模型以适应、匹配不同的影响因素,从而更好地预测航迹,这种方式更符合实际情况,也取得了更优的效果,但其运算量通常较高。为此,Hwang 等设计交互式多模型(IMM)以降低模型数目增长所带来的计算量的指数增长问题,并结合似然函数改进 IMM 算法,构造了基于似然函数的交互多模型算法。张军峰等研究了零值残差假设的缺陷,并设计了新的模式更新方法以扩展 RMIMM 的应用范围。韩云祥等结合使用动力学模型和混合估计理论,针对航段内飞行阶段构建了参数演化模型,针对航段切换飞行阶段构建了状态转移模型,从而更有针对性地学习拟合并预测航迹。

一些研究提出将飞行器的行为分解建模为多个离散飞行模式的转换。因此,可以将航空器的运动状态抽象为飞行模式转移概率的建模任务。例如,张军峰等提出了一种状态相关模式转换的混合估计方法,构造了模式转移矩阵,并通过实时状态进行更新。Pang 等针对环境、飞行员操作等相关因素不确定性大导致的航迹预测模型的不可信问题,设计了贝叶斯时空图变换(B-STAR)框架以模拟信息不完备情况下多代理(Agent)的时空关系,然后结合交互航迹预测模型实现了多智能体航迹预测。Jin 等设计了一种基于双自注意力 DSA、时间卷积网络(TCN)和双向门控循环单元(BiGRU)神经网络的航迹预测模型。TCN 可以灵活高效提取特征,结合自注意力方法能够挖掘对输出贡献最大的特征。采用 BiGRU 网络能够进一步双向挖掘航迹序列特征与输出之间的关系,并采用贝叶斯算法优化模型的超参数以获得最佳性能。Hu 等结合了状态相关模式转移混合估计方法(SDTHE)和改进的意图推理算法(IIIA),以克服 IMM 算法中似然函数为零假设的缺陷,从而提高预测结果。Zeng 等将航迹预测问题建模为序列间学习问题,以此为基础设计了一种序列间的深度LSTM,以学习未来轨迹与历史轨迹的依赖关系。

4. 统计分析方法

统计分析方法主要采用概率的方式,从统计学习的角度,通过从大量航迹数据中挖掘规律,以预测给定航空器的航迹。该方法不需要飞机的运动机理等内部因素,而是直接使用模型学习航迹数据本身。因此,数据的采集相对容易,但对数据量的要求较高。例如宋雷亮等假设,若某架次航空器的已有历史轨迹与某个历史数据相似,则可以认为二者具有相似的人、机、环情景,因此在未来一段时间内二者的运动轨迹应该也相似。通过构建并查询历史航迹数据集以寻找最相似航迹样本,即可实现飞行航迹的预测。随着机器学习技术的发展,神经网络相关方法也广泛应用于航迹预测任务。陈强等基于 RBF 神经网络,构建了回归预测模型以预测航空器的进场时间。Wu 等先采用聚类算法对数据进行分析,然后提取主轨迹特征,最后基于 BP 神经网络构造了 4D 航迹预测模型。钱夔等针对航空器的经纬度二维位置信息,结合热点区域方法与 BP 神经网络构造了预测方法。

以 CNN 和 LSTM 为代表的深度学习方法因其强大的特征学习能力而在航迹预测任务中取得了当前最优的效果。解码-编码的自编码器结构是常用的模型结构。如 Tran 等提出一种结合了飞机战术意图的基于 CNN 的航迹预测方法,该模型采用了编码-解码结构,可实现较高精度的航迹预测。Zeng 等基于神经网络构造了 Seq2Seq 结构模型,通过自编码器结构网络实现了起降航班轨迹的多步预测。LSTM 能够捕捉时序特征以学习不同时刻间的信息关联,因此广泛应用于预测航迹。Shi 等设计了一个含有 2 个隐藏层的 LSTM,基于历史航迹信息学习如何预测下一个时刻的航迹。Ma 等结合 CNN 和 LSTM 两种网络,构建了一种航迹混合学习预测模型。通过使用 CNN 与 LSTM 联合学习航迹数据中的时空信息,从而更好地提取与未来航迹相关的特征。Hu 等使用时间序列 CNN 和 LSTM 设计了一种飞行器位置与速度快速预测方法。通过 LSTM 分析产生误差的原因并解决误差积累问题,从而提高预测精度。Wu 等将注意力机制引入航迹预测任务。通过 K-Medoids 方法对航迹样本进行聚类,然后使用 CNN 和 BiLSTM 网络构建航迹时空特征提取网络,最后使用联合注意力机制获取航迹点中的重要特征,最终获得了更准确的航迹预测效果。Zhou 等综合采用了速度趋势外推、LSTM、神经网络、卡尔曼滤波等方法,通过对不同阶段区间采取最佳预测方法构造了一个混合预测模型,获得了更高的预测精度。

航迹预测方法蓬勃发展,相关研究成果日新月异,但由于相关算法通常在小型数据集或者仿真数据集上进行效果验证和对比,因此很难公平对比各种方法的效果。为此,Ayala 等综合比较了多种模型方法。该论文提出了 10 个问题,并通过实验进行了验证分析,其结论总结如表 10.1 所示。

表 10.1　航迹预测相关问题与实验情况一览表

序号	航迹预测相关问题	实 验 结 论
1	复杂模型效果是否要好于简单模型	使用时序模型(如 LSTM)效果好于普通网络模型,但更精细的结构(如 LSTM-CNN)性能通常较差,且计算成本更高,适应性较弱

续表

序号	航迹预测相关问题	实 验 结 论
2	相对于不需要训练的简单方法,神经网络效果是否更好	相对而言,神经网络效果略好于传统算法,但其训练和使用成本较高。在转弯或非巡航阶段,神经网络算法明显好于传统算法
3	输入航迹的长度在多大程度上影响性能	使用较长的航迹长度预测结果通常好于较短的航迹长度,尤其是在转弯或非巡航阶段
4	在进行多步预测时,随着使用预测值作为已知值的增多,预测精度如何下降	准确率的下降较快,尤其是在转弯或非巡航等有挑战性的阶段。使用专用模型能够有效减少误差,但其预测误差仍然相对较大
5	在预测遥远位置时,多步预测还是延迟预测方法的效果更好	延迟预测方法在转弯等阶段的误差相对较小。因此,相对于多步预测,训练多个专用模型分别预测某个固定时间之后的位置可能效果更好
6	使用差分特征还是绝对特征更好	虽然绝对特征可能包含了位置等额外信息,但差分特征的结果比绝对特征好一个数量级。绝对特征和差分特征可能联合使用更为有效
7	模型在使用特定飞行阶段的数据进行训练并测试时表现如何	通用模型表现良好,部分原因是因为巡航阶段用时最长,在转弯等特殊阶段性能下降。专用模型整体表现更好,尤其是在爬升和下降阶段
8	当使用规则运动较少(转弯较多)的轨迹进行训练并测试时模型表现如何	通用模型相对于专用模型误差更大。考虑确定航空器何时转弯很困难,因此很难将通用模型与专用模型结合起来以应用于飞行的不同阶段。一种可能的方式是开发专门用于预测飞机何时转弯的模型
9	增加其他的航迹相关特征能否提高航迹预测效果	没有,反而使得模型效果略微下降,可能是由于模型复杂度增加导致网络更难学习
10	在位置特征之外添加额外的状态向量特征(如飞行角度、速度)能否提高效果	没有,效果反而会明显变差。原因可能与问题9类似

10.5 航迹飞行预测系统

为了应对日益复杂的空中交通压力,世界各国和航空公司纷纷投入人力、物力,开展相关理论和技术的研究,并构建了各种空中交通管制系统。相关系统基本情况介绍如下。

1. NextGen

美国的NextGen是美国联邦航空管理局(Federal Aviation Administration,FAA)推动的一项重要航空交通管理改革计划。NextGen的目标是利用先进的空中交通管理技术、航空导航设备,并整合军用、民用航空器和航空飞行器系统,以提高航空旅行的安全性、效率和环境可持续性。该计划自 2003 年开始,预计在 2025 年完成。NextGen 目前已基本完成广播式自动相关监视(ADS-B)地面站的部署,并且也构建了航空器交流、调度和信息交换共享的统一平台,通过共享飞行数据和运行状态,提供更准确的飞行信息,以实现更现代化、智能化的航空交通系统。

2. 欧洲单一天空空中交通管理研究

为了应对航班延误问题,20 世纪 90 年代末,欧洲提出了"欧洲单一天空"倡议,旨在改革欧洲交通管理架构。该计划共包含 5 方面工作,其中,欧洲单一天空空中交通管理研究(Eurocontrol's Single European Sky ATM Research,SESAR)项目是其重要组成部分之一。该项目于 2008 年开始,旨在为欧洲开发一个统一的空中交通管理系统,其目标包括:ATM 基础设施的现代化,新型通信设备的研发应用、导航和监视系统的应用,航空飞行器系统的集成管理,以及绩效导向的运营。

3. 未来空中导航系统项目

未来空中导航系统(Future Air Navigation System,FANS)项目是一种基于卫星通信和导航技术的空中交通管理系统,由国际民航组织(International Civil Aviation Organization,ICAO)制定。其数据链路以卫星网络和全球定位系统为基础,能够借助民用通信设施满足机组人员和空管人员的通信需求。因此,相较于各种已有的专用空中交通管理系统,FANS 对地面基础设施的依赖性更小,使用成本也更低,也是未来空中交通管制的一种具有潜力的解决方案。

4. GBAS

GBAS(Ground-Based Augmentation System)是一种地面增强系统,可以为飞行器提供更精准和可靠的导航指引。它通过在地面上放置增强站,为飞行器提供更准确的位置和航向信息,以提高着陆和起飞的安全性。GBAS 能够提供更高的精度和可靠性,尤其是在复杂环境或恶劣天气条件下,提供更灵活的适航服务和进近程序,也能减少对传统仪表着陆系统(Instrument Landing System,ILS)的依赖,从而节省设备和维护成本。

5. TCAS

TCAS(Traffic Alert and Collision Avoidance System)是一种用于辅助飞行员预防飞行器相撞的系统,它能帮助飞行员保持情景感知,并预防潜在的碰撞,提升航空安全性。在飞行器不处于持续雷达监视的空域中,如爬升、下降或飞行在偏远地区时,TCAS 起着至关重要的安全作用。TCAS 利用雷达技术检测其他飞行器的接近情况,并及时向飞行员发送警报,以发生潜在碰撞特情等必要情况时提醒飞行员采取避让行动。在紧急情况下,TCAS 会启动决策警报(Resolution Advisory,RA),指示飞行员采取适当的行动以避免碰撞。

综上所述,航迹预测在数据、算法和系统 3 方面都取得了显著的发展。数据质量和多样性的提升为航迹预测提供了更可靠的基础,而基于深度学习的机器学习算法则能够充分挖据数据特征以提高预测的准确性。同时,航迹预测系统的开发和应用为航空运营提供了重要的决策支持工具。随着技术的持续进步和创新,航迹预测相关研究将在未来继续发挥重要作用,推动航空领域的发展和创新。

10.6　本章小结

本章从数据、算法和应用系统 3 方面,回顾了航迹预测的发展历程。整体而言,航迹预测已在航空管制领域获得了广泛的研究和应用。下一步,笔者认为有如下 4 个重点发展与研究方向。

1. 航迹预测多源大数据平台建设

大数据平台对于推动行业学术研究发展具有重要意义。已有方法通常是依托软件仿真,或者所在单位收集的数据集开展算法研究,部分采用公开数据集开展研究。因此,相关研究方法通常只能有针对性地适应某一个或者某几个数据集,所设计方法的算法重现难,性能对比也缺乏统一的标准,使得该领域的研究依然相对小众,制约了该领域学术研究的进步。目前,航迹预测领域依然缺乏像计算机视觉中大型数据集 ImageNet,能够作为统一的算法实验、性能对比平台,推动该领域研究进入更广阔的机器学习领域。

另外,航迹是人、机、环 3 要素相互作用的结果,航迹预测需要在历史航迹的基础上,综合考虑航空器状态、人员意图、气象环境等众多因素的影响。随着相关技术的发展,单纯基于历史航迹数据的航迹预测已趋近这些数据所含有的信息达到性能的上限,进一步挖掘研究所带来的性能提升潜力已越来越小。因此,越来越多的算法已逐步考虑融合环境、人员意图等额外信息,但目前相关研究采用的数据集仅能涵盖人、机、环 3 要素中的部分额外信息,尚无能够涵盖多个主要影响因素的多源、多模态数据集。

因此,建设多源大数据平台,有效整合和管理这些数据,为研究人员提供更丰富、全面的数据资源,能够有力促进数据驱动的航迹预测算法和模型的研究与改进。

2. 复杂风场下的短期航迹预测

以往的航迹预测较少考虑风场对飞行姿态的影响。由于地面附近位置环境复杂,靠近地面的风场变化也十分剧烈。尤其是在高原地区、强对流天气、高海况海面等场景下,风场对飞行航迹产生的影响十分明显。再加上此时飞行高度较低,因此事故相对较多。统计显示,飞机安全事故有约 40% 发生在降落阶段,16% 发生在起飞阶段。其中约 20% 与切变风等风场因素相关,而这部分事故在一定程度上是可以通过风场分析与预测进行预防的。因此,研究在强对流天气、高海况等复杂风场条件下的短期航迹预测对于保障飞行安全具有重要意义。

3. 加强空中交通系统顶层设计与基础设施规划

随着社会经济的发展,我国的空中交通行业也在快速发展之中。原有空中交通系统已难以适应时代的变化与未来的需求。因此,亟需结合我国城市现代化、经济发展和人口流动需要,构建长远的可扩展和可适应的空中交通系统框架,以支持新技术的运用,满足快速增长的运输需求,从而提高效率和安全性、降低成本并节约资源。

为达到上述目标,需要管理部门研究制定未来需求的长期规划和战略,重新设计和优化空域结构,引入先进技术和系统,统筹协调政府、航空公司、研究机构等部门和军用、民用等需求,以及考虑环境影响等多方面情况,从制度、管理层面设计面向未来的空中交通系统,并以此为基础建设相关设施。

4. 结合飞机自动导航与驾驶的无人航空系统建设

无人驾驶、无人交通管制是未来智慧交通建设的重要方向。随着技术的不断发展和无人航空系统的日益成熟,将航迹预测与飞机自动导航和驾驶系统相结合,实现更高级别的自动化,是未来无人航空系统建设的一个重要方向。通过结合航迹预测技术和自动导航系统,飞行器能够更准确地规划飞行路径,实现更高效、更安全的飞行操作。通过与地面交通管理系统的连接,实现与地面管理系统的信息实时交流,航迹预测系统可以更精确地预测飞行器的未来路径,并做出相应的飞行计划调整。从而提高整体系统的效率,并减少人为错误的发生。这将对航空运输和监测任务产生深远的影响。

第11章

飞行安全风险融合评估

11.1 引言

随着航空技术、电子信息技术、通信技术、自动控制技术、传感器技术和计算机技术的不断进步与发展,航空飞行器在军用和民用领域都得到了广泛应用。在军用领域的应用,可以追溯到1991年的海湾战争,在该战争中美国成功运用了"先锋"和"指针"等200多架航空飞行器,由此航空飞行器在战争中的地位引起了世界各国的注意,都纷纷开启了航空飞行器在战争中的运用研究。军用航空飞行器因其无人员伤亡、灵活机动性好和隐蔽性好等特点,在军事领域主要被用来完成侦察监视、目标跟踪、电子干扰、情报获取和远程打击等作战任务。然而,航空飞行器在发挥重大作用的同时,其面临的安全问题也日渐突出。

2020年6月24日,美国空军一架MQ-9"死神"无人机(尾号08-4051)在非洲坠毁。坠毁原因是无人机的前电动燃油加热器发生漏油现象,并且漏油速度太快造成飞机燃油不足而无法返航,此次事故造成了1129万美元的损失。美国《华盛顿邮报》的一份调查报告指出,从2001—2015年,美国空军共有154架大型无人机坠毁,其中2015年就坠毁了20架无人机。美国空军自2000年共采购了269架Mq-1"捕食者",大约130架已经坠毁或严重损坏。2015年有10架"收割者"无人机坠毁或严重损坏,造成约1.4亿美元的损失。

针对航空飞行器飞行安全风险评估问题,提出飞行安全评估方法,并进行风险预警,尽早确定飞行安全隐患,保证人员与飞机的安全,避免伤亡与损失,更好保障国家和军队的财产安全。

11.2 问题定义

11.2.1 飞行安全风险

飞行安全是一种状态,即通过持续的飞行危险源识别和风险管理过程,将人员伤害或财产损失的可能性降低并保持在可接受的水平以下。飞行活动实施过程中,人员、飞机、环境、管理等因素都在不断变化,风险是常态,没有"零风险""零隐患",安全的标准即风险可接受的水平。

风险是指发生危险后果的可能性和严重性的综合描述,其基本意义包含未来结果的不确定性和损失。不确定性表明,当风险存在时,至少有损失和无损失两种可能的结果,只是无法确定哪种结果会出现。损失表明,后果中有一种可能性是不尽人意的,如经济损失、人员伤亡、设备损坏、人的精神或心理方面的痛苦。风险回答的是什么可能发生问题、发生问题的可能性有多大以及后果是什么的问题。

飞行不安全事件是指导致系统处于不安全状态的事件,包括飞行问题、飞行事故症候和飞行事故。飞行问题是指飞行中发生危及飞行安全,其程度和后果未构成飞行事故征候的事件。飞行事故征候是指在训练、任务飞行中,自飞机开车后滑出起至着陆滑行到指定位置关车止,所发生的严重危及飞行安全但未构成飞行事故的事件。飞行事故征候一般依据相应的法规标准来界定。飞行事故是指在训练和任务飞行中,自飞机开车后滑出起至着陆滑行到指定位置止,在此期间所发生的空勤人员伤亡或飞机损伤达到一定程度的事件。

在军事领域,常用的飞行安全衡量指标包括严重飞行事故万时率和飞行事故征候千时率。严重飞行事故万时率,是指一个建制单位在一定期间内所有飞机的总计飞行时间中,平均每飞行 10000 小时所发生的严重飞行事故的次数。飞行事故征候千时率,是指一个建制单位在一定期间内所有飞机总计飞行时间中,平均每飞行 1000 小时所发生的飞行事故征候的次数。其中,不安全事件的起数,通常按事件次数计算。在一次飞行中,发生两次(含)以上同等事件,有因果关系的统计为一起,无因果关系的按发生的次数统计。两架(含)以上飞机相擦(撞)的事件,统计为一起。

11.2.2 飞行安全风险评估

飞行安全风险评估属于飞行风险管理范畴,旨在为有效的飞行风险应对提供基于证据的信息和分析。飞行风险评估包括飞行风险分析和飞行风险评价两大步骤。

1. 飞行安全风险分析

飞行安全风险分析是指系统地使用既有信息进行危险辨识,并预测其对于人员、财产的风险。从某种意义上说,飞行安全风险分析是一种"主动"的方法,目的是减小飞行事故发生的可能。飞行安全风险分析的 3 个主要步骤如下。

(1) 飞行危险事件识别:辨识出潜在的飞行危险事件,以及与系统相关的危险和威胁,同时也需要识别出可能会受到伤害的资产。

(2) 飞行危险事件频率分析:分析识别出每个危险事件的成因,根据经验数据和专家判断预测危险事件的频率。

(3) 飞行危险事件后果分析:识别所有由飞行危险事件引起的潜在后果以及发生概率。

2. 飞行风险评价

飞行风险评价是以飞行风险分析作为基础,考虑经济、社会、环境等各方面因素,对风险的容忍性做出判断的过程。该阶段的主要任务是对危险因素或事件分别进行发生频率、影响严重程度等相关指标的分析,通过对比风险接受原则从而确定危险源的风险等级和可接受程度。

飞行安全风险评估方法众多,各有其适用范围和优缺点,如何为风险决策提供正确有效的输入信息是选择风险评估方法的依据,同时也是管理者必须具备的素质。在选用时应根据具体系统的特点、评价的条件和需要,针对评价对象的具体情况、特点和评价目标,选择适宜的安全评价方法。也可采用两种或两种以上评价方法对某一特定的系统进行评价,做到互相补充、互相验证,使评价结果更接近于实际,提高系统安全评价的可靠性。

11.3　飞行安全风险融合评估算法

针对航空飞行器飞行安全风险分析评估问题,提出飞行安全风险融合评估算法,算法流程如图 11.1 所示。首先构建航空飞行器飞行安全风险评估指标体系,然后采用改进群体层次分析法(Improved Group Analytic Hierarchy Process,IGAHP)的指标赋权模型确定各指标权重,最后采用灰色模糊综合评价法确定风险等级。

1. 构建飞行风险评估指标体系

飞行安全风险发生可能性评估指标体系应该能够反映对飞行风险识别和分析的要求,为飞行安全的控制和管理提供依据。依据飞行安全风险分析,构建其评估指标体系如表 11.1 所示。一级评估指标的权重向量为 $U=(u_1,u_2,u_3,u_4)$,三级评估指标的权重向量为 $U_i=(u_{i1},u_{i2},\cdots,u_{ij})1\leqslant i\leqslant 4$。设置了人、机、环境、管理共 4 个一级指标,9 个二级指标和 42 个三级指标。

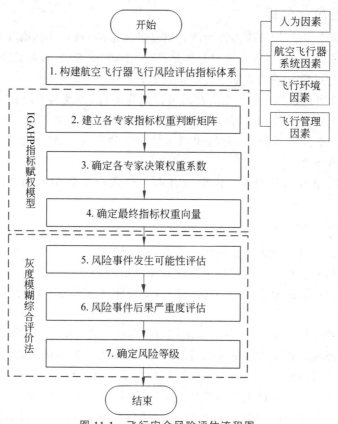

图 11.1　飞行安全风险评估流程图

层次分析法(Analytic Hierarchy Process,AHP)是一种经典的评估方法,该方法通过将目标分解成几个层次、逐步细化目标准则的方法,将所有定性和定量指标依据数学公式进行量化,设定各指标占比权重,采用加权求和模糊综合评判方法逐层归并求解,最终求得质量评估值。采用层次分析法的第一步,依据评估对象构建层次指标体系。层次分析法存在一些缺点,如无法精准地汇集多位专家的意见,评估矩阵无法表达模糊性,缺乏灵活性。因此,针对层次分析法存在很多改进方法,例如,群体层次分析方法解决了如何汇总多个专家对评估指标权重设置有多种不同意见的问题,模糊层次分析方法实现了设备质量评估矩阵的合理构建。但是,在实践中,模糊层次分析法并不实用,因为其对缺失值的处理时要求判断矩阵满足一致性,这一条件实际处理过程很难满足。

对群体层次分析法存在的缺点进行改进,权重系数的大小由专家评价的差异程度决定,当个别专家的观点与群体之间的观点差异较大或者说与多数人的偏离程度较高,该专家设置的指标值所占权重就相应地进行降低,如此通过专家指标权重设置的差异程度调整每个专家的指标权重值,从而使各评估指标权重的设置更加合理有效。

采用 IGAHP 进行飞行安全风险评估的主要步骤包括：首先对风险评估指标建立判断矩阵；然后，收集领域专家对各评估指标设置的权重，利用 IGAHP 算法对各指标的权重设置值通过综合所有专家权重系数得到；最后指标权重集结，得到各风险等级概率。

表 11.1　航空飞行器飞行安全风险评估指标

序号	一级指标	二级指标	三级指标
1	人为因素指标 U_1	操控能力指标	飞前准备 u_{11}
2			起飞与着陆 u_{12}
3			飞行状态控制 u_{13}
4			特殊情况处理 u_{14}
5		监控能力指标	航行状态认知 u_{15}
6			航行状态判断 u_{16}
7			具体飞行情景反应 u_{17}
8		机组资源管理能力	机组沟通 u_{18}
9			情景意识 u_{19}
10			工作负荷管理 $u_{1,10}$
11			飞行决策 $u_{1,11}$
12			领导与协作 $u_{1,12}$
13			自动化管理 $u_{1,13}$
14	航空飞行器因素指标 U_2	飞行器	机体 u_{21}
15			动力装置 u_{22}
16			导航飞行控制 u_{23}
17			电气系统 u_{24}
18			任务设备 u_{25}
19		控制站	显示系统 u_{26}
20			操纵系统 u_{27}
21		通信链路	机载链路 u_{28}
22			地面链路 u_{29}

序号	一级指标	二级指标	三级指标
23	飞行环境因素指标 U_3	自然环境	温度 u_{31}
24			湿度 u_{32}
25			气压 u_{33}
26			风 u_{34}
27			雨 u_{35}
28			雷电 u_{36}
29			冰雪 u_{37}
30			云 u_{38}
31			雾 u_{39}
32			地形 $u_{3,10}$
33		航行环境	机场情况 $u_{3,11}$
34			空中交通管制 $u_{3,12}$
35			灯光 $u_{3,13}$
36			通信 $u_{3,14}$
37	飞行管理因素指标 U_4	飞行管理	安全目标制定 u_{41}
38			安全检查整改 u_{42}
39			安全教育情况 u_{43}
40			应急管理培训 u_{44}
41			手册文件规范 u_{45}
42			飞行计划合理 u_{46}

2. 建立各专家指标权重判断矩阵

假定 B 层指标中的指标 B_s 包含下一层次 C 中的指标 $C_1, C_2, \cdots, C_n$。

$a_{ij}(i=1,2,\cdots,n; j=1,2,\cdots,n)$ 表示 C 层指标中的 C_i 与 C_j 相比的相对重要性标度值。则 a_{ij} 满足以下关系：

$$a_{ij} > 0, a_{ij} = \frac{1}{a_{ji}}, a_{ii} = 1 \qquad (11\text{-}1)$$

判断矩阵 A 可表示为

$$A = (a_{ij})_{n \times n} = \begin{bmatrix} a_{11} & a_{12} & \cdots & a_{1n} \\ a_{21} & a_{22} & \cdots & a_{2n} \\ \cdots & \cdots & \ddots & \cdots \\ a_{n1} & a_{n2} & \cdots & a_{nn} \end{bmatrix} \tag{11-2}$$

3. 确定各专家决策权重系数

T 位专家指标权重系数向量记为 $(\lambda_1, \lambda_2, \cdots, \lambda_T)$，其中 $\lambda_i \in [0,1]$ 且 $\sum\limits_{i=1}^{T} \lambda_i = 1 (1 \leqslant i \leqslant T)$。$A^{(i)} (i = 1, 2, \cdots, T)$ 表示第 i 位专家设定的权重系数矩阵。B 层指标中的指标 C_1，$C_2, \cdots, C_n$ 通过 $A^{(i)}$ 进行计算。计算完成后对权重系数进行一致性检验。校验首先求判断矩阵 $A^{(i)}$ 的特征根，然后找出特征根中最大的特征根 $\lambda_{\max}^{(i)}$ 对应的特征向量 $Y^{(i)}$，其表达式为

$$A^{(i)} Y^{(i)} = \lambda_{\max}^{(i)} Y^{(i)} \tag{11-3}$$

用幂法求评估判断矩阵的最大特征根 $\lambda_{\max}^{(t)}$ 和特征向量 $Y^{(t)}$，主要步骤为求出最大特征根 $\lambda_{\max}^{(t)}$，然后对最大特征根 $\lambda_{\max}^{(t)}$ 一致性检验，即确定在一定显著性水平下所有指标权重值的各平均值或各方差之间是否有显著性差异，找出判断矩阵中的差异较大的专家权重设置，并对该设置值进行修正调整，使得权重的设置更趋于合理。

用距离 $d_{ij} (i, j = 1, 2, \cdots, T)$ 表示第 i 个专家与第 j 个专家设置的指标权重相差的值，则

$$d_{ij} = d(Y^{(i)}, Y^{(j)}) = \Big[\sum_{t=1}^{n} (y_t^{(i)} - y_t^{(j)})^2 \Big]^{1/2} \tag{11-4}$$

d_{ij} 越小，表明 $Y^{(i)}$ 与 $Y^{(j)}$ 越相近，说明对应两个专家对表 11.1 各个质量评估指标的权重值的设置越接近。反之，d_{ij} 越大，则表明 $Y^{(i)}$ 与 $Y^{(j)}$ 设置的权重越大。当 $d_{ij} = 0$ 且 $i \neq j$ 时，说明两个专家设置的权重值相同。

用 d_i 表示设第 i 个专家设置的权重值与其他专家设置的相差距离，则

$$d_i = \sum_{j=1}^{T} d_{ij} \tag{11-5}$$

d_i 越小表示 $Y^{(i)}$ 与其他特征向量越接近，当 $d_i = 0$ 时，$d_{i1} = d_{i2} = \cdots = d_{iT} = 0$，说明专家的设置各指标权重系数都相同。

综上所述，第 t 位专家的最终决策权重系数 λ_t 为

当 $d_t = 0$ 时，

$$\lambda_1 = \lambda_2 = \cdots = \lambda_T = \frac{1}{T} \tag{11-6}$$

当 $d_t \neq 0$ 时，

$$\lambda_T = \frac{1/d_t}{\sum\limits_{j=1}^{T} (1/d_j)} \tag{11-7}$$

式中，$j = 1, 2, \cdots, T$，可知，d_t 的大小反映该专家与其他专家分歧程度，依据分歧的大小，确定该专家决策权重系数的大小。这样根据差异程度调整权重设置，使得权重的设置和评估结果更接近于专家中大多数人的观点，减少了由个别专家设置权重与其他人差异太大而造成评估结果不合理的影响。

4. 确定最终指标权重向量

最终的指标权重向量为 $\boldsymbol{Y}^* = (y_1^*, y_2^*, \cdots, y_n^*)$，即：

$$\boldsymbol{Y}^* = \sum_{t=1}^{T} \lambda_t \boldsymbol{Y}^{(t)} \tag{11-8}$$

根据评估指标，邀请专家进行风险评估，专家包括航空飞行器飞行指挥领域专家、质量管理专家、业务单位主管，发放调查问卷，请专家分别对风险事件的可能性和后果严重度分别进行打分评估。回收调查问卷，对每个专家对每个评估指标的评估结果进行统计。用灰色模糊综合评判法进行飞行安全风险评估，即根据专家评估统计表，确定单因素评价隶属度向量，并形成隶属度矩阵，计算综合评定值。

5. 风险事件发生可能性评估

将风险事件发生的可能性分为频繁、合理可能、偶尔、概率极小以及极不可能这 5 种类型，由专家针对各风险因素采用五分制来对发生可能性的等级进行评分，每个等级对应分值区间如表 11.2 所示。

表 11.2　风险事件可能性定义

等级	可能性	含　义	衡　量　标　准
1	频繁	经常会发生	≥2 次/万小时；≥1 次/月
2	合理可能	可能会发生	≥0.6 次、<2 次/万小时；≥1 次/季度
3	偶尔	很少发生	≥0.05 次、<0.6 次/万小时；≥1 次/年
4	概率极小	不太可能发生	≥0.01 次、<0.05 次/万小时；≥1 次/5 年
5	极不可能	极不可能发生	≥1 次/10 年

因为专家知识水平可能存在着一定的限度，一般是根据经验以及相关的知识对风险指标可能性评分，第 k 名专家的评分记作试 d_{ijk}。为了能够合理地表示风险指标所属类别的水平，构建不同灰类的白化权函数。

第 1 灰类为"极不可能"，灰数为 $[0, 1, 3]$，白化权函数 f_1：

$$f_1(d_{ijk}) = \begin{cases} 1 & d_{ijk} \in [0, 1) \\ (3 - d_{ijk})/2 & d_{ijk} \in [1, 3] \\ 0 & d_{ijk} \notin [0, 3] \end{cases} \tag{11-9}$$

第2灰类为"概率极小",灰数为[0,2,3],白化权函数 f_2:

$$f_2(d_{ijk}) = \begin{cases} d_{ijk}/2 & d_{ijk} \in [0,2) \\ 3 - d_{ijk} & d_{ijk} \in [2,3] \\ 0 & d_{ijk} \notin [0,3] \end{cases} \quad (11\text{-}10)$$

第3灰类为"偶尔",灰数为[1,3,4],白化权函数 f_3:

$$f_3(d_{ijk}) = \begin{cases} (d_{ijk}-1)/2 & d_{ijk} \in [1,3) \\ 4 - d_{ijk} & d_{ijk} \in [3,4] \\ 0 & d_{ijk} \notin [1,4] \end{cases} \quad (11\text{-}11)$$

第4灰类为"合理可能",灰数为[2,4,5],白化权函数 f_4:

$$f_4(d_{ijk}) = \begin{cases} (d_{ijk}-2)/2 & d_{ijk} \in [2,4) \\ 5 - d_{ijk} & d_{ijk} \in [4,5] \\ 0 & d_{ijk} \notin [2,5] \end{cases} \quad (11\text{-}12)$$

第5灰类为"频繁",灰数为[3,5],白化权函数 f_5:

$$f_5(d_{ijk}) = \begin{cases} 0 & d_{ijk} \in [0,3) \\ (d_{ijk}-3)/2 & d_{ijk} \in [3,5] \end{cases} \quad (11\text{-}13)$$

风险指标 U_{ij} 属于第 e 个灰类的系数为

$$\sum_{k=1}^{p} f_e(d_{ijk})$$

式中,p 表示专家的数量。

风险指标 U_{ij} 属于所有灰类的总评估系数为

$$\sum_{e=1}^{5} \sum_{k=1}^{p} f_e(d_{ijk}) \quad (11\text{-}14)$$

两者之间的比值为指标 U_{ij} 属于第 e 个灰类的概率,记作 r_{ije}:

$$r_{ije} = \frac{\sum_{k=1}^{p} f_e(d_{ijk})}{\sum_{e=1}^{5} \sum_{k=1}^{p} f_e(d_{ijk})} \quad (11\text{-}15)$$

从而计算得风险指标 U_{ij} 属于的灰色评价权向量 r_{ij}:

$$r_{ij} = \begin{bmatrix} r_{ij1} & r_{ij2} & r_{ij3} & r_{ij4} & r_{ij5} \end{bmatrix} \quad (11\text{-}16)$$

计算风险指标 U_i 的灰色评价权向量 R_{U_i}:

$$R_{U_i} = \begin{bmatrix} r_{i1} \\ r_{i2} \\ \vdots \\ r_{in_i} \end{bmatrix} \quad (11\text{-}17)$$

对 U_{ij} 进行综合评估,从而计算出 U_i 的评估结果 B_i:

$$B_i = U_i \times R_{U_i} = \begin{bmatrix} b_{i1} & b_{i2} & b_{i3} & b_{i4} & b_{i5} \end{bmatrix} \tag{11-18}$$

总的灰色评估权矩阵 $\boldsymbol{R}_U$:

$$\boldsymbol{R}_U = \begin{bmatrix} B_1 & B_2 & B_3 & B_4 & B_5 \end{bmatrix} \tag{11-19}$$

对 U_i 进行评估,得到风险事件发生的可能性指标 U:

$$\boldsymbol{U} = \boldsymbol{W}_u \times \boldsymbol{R}_u = \begin{bmatrix} u_1 & u_2 & u_3 & u_4 \end{bmatrix} \times \begin{bmatrix} b_{11} & b_{12} & b_{13} & b_{14} \\ b_{21} & b_{22} & b_{23} & b_{24} \\ b_{31} & b_{32} & b_{33} & b_{34} \\ b_{41} & b_{42} & b_{43} & b_{44} \end{bmatrix} \tag{11-20}$$

使用加权平均的方法进行计算,可以得到可能性值 P_A:

$$P_A = \frac{\sum\limits_{e=1}^{5} x_e v_e}{\sum\limits_{e=1}^{5} x_e} \tag{11-21}$$

式中,$v_1 = 1, v_2 = 2, v_3 = 3, v_4 = 4, v_5 = 5$。

6. 风险事件后果严重度评估

当风险事件发生之后,会造成各种后果,采用层次分析法以及模糊综合评价法,计算风险事件所造成的各种后果的权重和后果评估指标的隶属度,最终可以求出风险事件的后果严重度。

根据影响风险事件后果严重度的各种指标,建立不同的评价结果组成评估集。根据FAR/CCAR/CS25.1309 中的安全性准则,可以将后果严重度分为 5 个等级,分别为灾难性的(Ⅰ级)、危险性的(Ⅱ级)、重大的(Ⅲ级)、轻微的(Ⅳ级)、无安全影响(Ⅴ级),如表 11.3 所示。

表 11.3 风险事件后果严重度分类标准表

严重度等级	对部队战斗力的影响	对人员、飞机的伤害程度	对完成任务的影响	对社会的影响
Ⅰ	严重损伤部队战斗力	有人员伤亡、飞机严重损伤	无法完成重要任务	有广泛长期的社会不良影响
Ⅱ	损伤部分部队战斗力	有人员受到严重伤害、飞机系统功能大幅度丧失	严重影响重要任务完成	有较大范围、短期的不良社会影响
Ⅲ	轻微损伤部队战斗力	有人员受伤、飞机受到一定程度损伤	无法完成一般任务	有小范围、短期的不良社会影响
Ⅳ	临时损伤部队战斗力	有人员受轻伤、飞机损伤	对完成一般任务有影响	可能会造成一定的社会舆论
Ⅴ	几乎不会影响部队战斗力	几乎不会对人员和飞机造成影响	几乎不会影响任务的完成	几乎不会造成社会舆论

对 5 类严重度建立隶属度函数。

严重度 I 级的隶属函数 f_1：

$$f_1(U_i) = \begin{cases} 0 & U_i \in [0,4) \\ U_i - 4 & U_i \in [4,5] \end{cases} \tag{11-22}$$

严重度 II 级的隶属函数 f_2：

$$f_2(U_i) = \begin{cases} 0 & U_i \in [0,3) \\ U_i - 3 & U_i \in [3,4) \\ 5 - U_i & U_i \in [4,5] \end{cases} \tag{11-23}$$

严重度 III 级的隶属函数 f_3：

$$f_3(U_i) = \begin{cases} U_i - 2 & U_i \in [2,3) \\ 4 - U_i & U_i \in [3,4) \\ 0_i & U_i \notin [2,4] \end{cases} \tag{11-24}$$

严重度 IV 级的隶属函数 f_4：

$$f_4(U_i) = \begin{cases} U_i/2 & U_i \in [0,2) \\ 3 - U_i & U_i \in [2,3) \\ 0_i & U_i \notin [3,5] \end{cases} \tag{11-25}$$

严重度 V 级的隶属函数 f_5：

$$f_5(U_i) = \begin{cases} (2 - U_i)/2 & U_i \in [0,2) \\ 0 & U_i \in [2,5] \end{cases} \tag{11-26}$$

利用以上 5 个隶属度函数，求出 U_i 在不同等级下的隶属度：

$$r_{ij} = f_j(U_i) \tag{11-27}$$

式中，$1 \leqslant i \leqslant 4$，$1 \leqslant j \leqslant 5$。

从而得到风险事件后果严重度的模糊评估矩阵 $\boldsymbol{R}_U$：

$$\boldsymbol{R}_U = \begin{bmatrix} r_{11} & r_{12} & r_{13} & r_{14} & r_{15} \\ r_{21} & r_{22} & r_{23} & r_{24} & r_{25} \\ r_{31} & r_{32} & r_{33} & r_{34} & r_{35} \\ r_{41} & r_{42} & r_{43} & r_{44} & r_{45} \end{bmatrix} \tag{11-28}$$

式中，$r_{ij} = f_j(U_i)$。

对 U_i 进行评估，得到风险事件后果严重度 $\boldsymbol{B}$：

$$\boldsymbol{B} = \boldsymbol{W}_u \times \boldsymbol{R}_u = \begin{bmatrix} u_1 & u_2 & u_3 & u_4 \end{bmatrix} \times \begin{bmatrix} b_{11} & b_{12} & b_{13} & b_{14} \\ b_{21} & b_{22} & b_{23} & b_{24} \\ b_{31} & b_{32} & b_{33} & b_{34} \\ b_{41} & b_{42} & b_{43} & b_{44} \end{bmatrix} \tag{11-29}$$

使用加权平均的方法进行计算,得到风险事件严重度指数 S_A:

$$S_A = \frac{\sum\limits_{j=1}^{5} b_j v_j}{\sum\limits_{j=1}^{5} b_j} \qquad\qquad (11\text{-}30)$$

式中,$v_1=5$,$v_2=4$,$v_3=3$,$v_4=2$,$v_5=1$。

7. 确定风险等级

将风险事件的发生可能性与后果的严重度二者相乘得到风险值 R_A:

$$R_A = P_A \times S_A \qquad\qquad (11\text{-}31)$$

由于可能性指标 P_A 和后果严重度 S_A 的取值范围为 $[1,5]$,那么风险值 R_A 的取值范围为 $[1,25]$,风险评估矩阵如表 11.4 所示。

表 11.4　风险评估矩阵

可能性	严　重　度				
	1	2	3	4	5
1	1	2	3	4	5
2	2	4	6	8	10
3	3	6	9	12	15
4	4	8	12	16	20
5	5	10	15	20	25

按照 ALARP 风险接受原则,可以将风险评估矩阵分成 3 个区域:不可接受风险、可以容忍风险、可接受风险。不可接受风险:值域为 $(12,25]$,表明不允许风险处于该区域,一定要制定相应的措施来消除风险源,并且要防止情况恶化造成更严重的风险。可容忍风险:值域为 $(4,12]$,表明在特定的条件下风险水平可以容忍,但也要关注风险源并采取适当的风险控制措施。可接受风险:值域为 $[1,4]$,表明该风险事件是可以接受的,没有必要采取措施,但是一定要对其实行监控,确保飞行安全。

11.4　本章小结

本章针对飞行安全风险评估需求,首先介绍了飞行安全风险的概念和评估方法,然后提出了一种基于 IGAHP 的飞行安全风险评估方法,建立了飞行安全风险评估指标体系,为飞行安全风险评估提供了一种指导方法。

第12章

航空飞行大数据智能分析系统设计

12.1 引言

本章针对航空飞行大数据智能分析系统的构建问题,从系统需求分析出发,再到系统设计,从逻辑架构、技术架构、功能等方面设计系统,最后给出基于 Spark 平台与传统数据库的数据分析时间对比,为航空飞行大数据智能分析系统的实现提供了设计方案。

12.2 需求分析

航空飞行大数据涵盖飞行过程中产生的所有与飞机飞行相关的数据,数据量随着时间的积累逐步增大,具有多源异构的属性,包括多来源、多性质、多层次、关联性强等特点。迫切需要一个可以汇总存储多个系统的航空飞行大数据的智能分析系统。系统必须满足下列要求。

(1)分布式。根据航空信息数据量大、来源广等特点,平台需采用分布式文件系统存储,以实现数据的高效存储和高容错性。

(2)并行化。平台必须支持运算并行化来提升计算速度,具有良好的数据处理能力。并且后续仅通过简单的节点增加就可以带来计算速度的提升,以便于相关管理人员日后的维护和管理。

（3）扩展性强。平台应模块化设计，面向服务设计，根据业务需求的变化，更新数据分析模块，满足定制化需求。

（4）可用性强。平台以使用者为中心，设计能符合使用者的习惯与需求，简单易用。

目前航空飞行器数据管理与维护方面面临的问题如下。

（1）航空飞行器状态监控与预测缺少统一框架和技术方法的指导。

航空飞行器飞行过程中产生的数据多数是在飞行过程中和发生事故时才进行监测，数据分析部门希望借助人工智能技术对航空飞行器飞行数据进行自动化分析，监测航空飞行器状态，为航空飞行器的预防性维修决策和健康管理提供决策支持。然而，针对航空飞行器状态智能监控与预测问题，目前缺少一种基于数据驱动方法的总体技术实现框架，该框架要以航空飞行器实际飞行数据作为输入，以航空飞行器各子系统的状态监控与预测结论为输出，给出从输入到输出的工作步骤和应开展的关键技术研究方向。

（2）目前基于航空飞行器飞行数据的状态监控方法存在一定局限性。

航空飞行器操控员在航空飞行器飞行的过程中，需要监控多个屏幕多个参数的变化，无法关注到每一个参数的每一个时刻的变化情况，目前监控系统只能对超出阈值范围的参数给以报警，报警之后，留给航空飞行器操控员应急反应处理的时间较短，很可能因为来不及处理异常情况造成重大事故，给国家带来巨大损失。亟需能实时监测航空飞行器飞行状态的系统，在飞行数据超出阈值之前，系统能提前监测飞行数据异常变化趋势，尽早给航空飞行器操控员以异常提示，方便及时处理异常情况，保障飞行安全。

航空飞行器安全部门对事故的调查分析，主要由航空飞行器专家采用人工逐段查看飞行数据曲线图的方式查找异常数据，根据经验对异常情况进行分析和评估，给出事故原因。由于航空飞行器飞行数据有上百个参数，每个飞行架次将产生上万条飞行记录，所以人工方式分析查找异常数据比较耗时，事故的分析工作效率低。亟需能自动监测出航空飞行器飞行数据中异常的系统，对发生异常的时间序列数据自动化提取，帮助航空飞行器专家分析异常情况，提高航空飞行器事故分析的效率和准确率。

（3）航空飞行器系统关键状态参数的预测精度不高。

航空飞行器各子系统的某个关键状态参数的变化与多个状态参数相关，例如标志发动机健康状态的关键参数有排气温度，而排气温度的变化与发动机转速、节风门位移、滑油压力、空气盒压力、空气盒温度等多个状态参数相关，这些参数之间存在非线性的复杂关系，采用传统线性时间序列预测模型计算简单、求解速度快，但对于多元参数之间的非线性映射关系不能充分表达，这就会导致对关键参数的预测精度不高的问题。目前亟需一种能有效预测航空飞行器关键状态参数未来趋势的算法，该算法能建立航空飞行器各子系统多个参数之间关联关系模型，利用历史飞行数据训练模型，利用训练好的模型准确预测关键参数，为航空飞行器实时操控决策和预防性维修决策提供数据支持。

12.3　系统设计

12.3.1　系统逻辑架构设计

为满足航空飞行器状态监控和事故调查的实际需求,航空飞行大数据智能分析系统逻辑架构如图 12.1 所示。利用航空飞行器历史飞行数据,设计智能神经网络学习算法,以构建飞行大数据智能分析模型库,模型库以航空飞行器实时飞行数据作为输入,由训练好的智能模型给出从输入数据到输出结论,对航空飞行器飞行过程中的异常情况进行告警,为航空飞行器维修保障和健康管理提供决策支持。

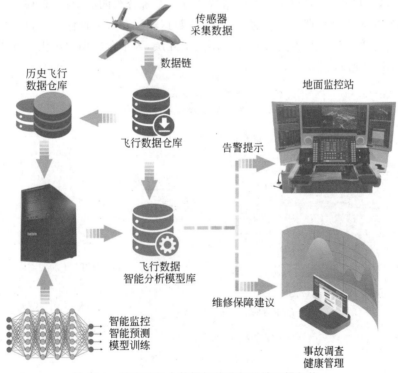

图 12.1　航空飞行大数据智能分析系统逻辑架构

12.3.2　系统技术架构设计

针对大数据技术在航空系统的应用,目前不少专家已经进行了研究。在航空数据分析领域,Singh 和 Kaushik 介绍了使用大数据基础架构分析航空大数据的方法,并应用大数据工具为机务维修保障提出辅助决策。陈金等基于大数据技术设计了一个飞机健康管理的平台。Li 等针对目前机务维修保障存在的维护效率低等问题,提出了一种飞机健康管理的大数据体系架构。Rehm 等将高维数据可视化技术应用到航空大数据和天气大数据,解决了航空大数据和天气大数据的数据分析问题。

Apache Spark 是用于大规模数据处理的统一分析引擎。它提供多种语言的 API 接口。它还包含丰富的上层基础应用。相比于 Hadoop,使用方便,运行速度快,适用场景更广泛。航空飞行大数据智能分析系统是在针对航空数据的优化采集和分析基础上,面向航空各部门的应用需要,实现航空大数据平台的开发和设计。

航空飞行大数据智能分析系统,使用 Hadoop 分布式文件系统(HDFS)完成航空信息的存储,基于 Spark 和相关数据挖掘算法实现航空信息的快速处理,进行数据挖掘。本平台基于 Spark 进行搭建,将航空飞行大数据智能分析系统分为四层架构,自顶向下采用接口连接相邻层,数据的获取和存储是最底层,分别为数据源层和数据存储层。再上层为计算分析层,主要提供计算框架和数据处理功能。用户交互层,为平台的用户提供交互界面。系统技术架构如图 12.2 所示。

图 12.2　系统技术架构

1. 数据源层

数据源层的主要功能是数据的获取,包含需要从原有关系数据库导入的数据和新产生的数据,数据具有多源异构的特性。数据源层还会进行数据预处理工作,通常包含清洗、集成、变换以及归约。目的是对重复数据的清洗和对缺少数据的填补;消除数据的冗余性;将数据的存储形式改变以更适合数据处理;预处理后的数据经过 ETL 处理,采用 Sqoop 将处理后的源数据高效地存储到数据存储层的数据仓库中。

2. 数据存储层

数据存储层采用 Hadoop 的分布式存储框架 HDFS,将航空数据以文件形式存储获取到的航空数据,HDFS 采用主从架构,由一个 Namenode 和多个 DataNode 组成。Namenode 主要管理文件块的 Namespace 和 Block 管理,维护着系统文件树的元数据和各个文件所在的 DataNode 位置信息。DataNode 存储和读取具体文件,并定时向 NameNode 发送信息。HDFS 将文件分块存储在各个 DataNode 上,默认的 Block 块大小为 128M。为提高平台业务运算效率,采用 Hadoop 生态下的开源工具 Hive 构建航空信息数据仓库,管理元数据。

数据存储模块的功能保障数据的存储和资源管理。数据存储模块的功能是将从多个数据源获取的航空数据传入 HDFS 中。主要包括经过预处理后的航空数据以及平台生成的数据,以特定的格式存储到 HDFS 中。同时,平台针对每一份数据都包含多份备份,提高了平台的容错能力,避免出现数据丢失的情况。此外,还应用 Yarn 进行统一的资源管理和调度。

3. 计算分析层

计算分析层的作用是对存储的航空数据进行数据分析,实现各种业务需求。包括针对航空数据的数据挖掘,执行 SparkSQL 命令等。其中航空数据挖掘基于 SparkMllib 库和利用 Spark 编程接口自定义的聚类算法完成。数据分析模块主要实现将数据挖掘算法写入 Spark 中,也可以使用 Spark 自带的 Mllib 机器学习库进行分析现对航空信息的数据挖掘。

计算分析层的基本工作流程如图 12.3 所示。首先,构建运行环境,创建一个 SparkContext,并且向资源管理器 Yarn 申请 Executor 资源,并启动相应资源。然后 SparkContext 依据 RDD 的依赖关系构建 DAG 图,同时创建一个 DAGScheduler 对象依据作业和任务的依赖,制定调度逻辑,将 DAG 图分解成 Stage,因为 Stage 之间存在依赖关系,只有前面的 Stage 运算完,后面的才开始运算。最后,将完成的 Stage 发送给 TaskScheduler,再由 TaskScheduler 将 Task 发送给 Executor 运行,运行结束后释放计算资源。

数据分析模块主要是应用 Spark 的内存计算引擎,实现针对航空信息的数据挖掘处理。利用 Spark 自带的编程接口和相关组件实现数据分析模块的调入。平台也根据飞行参数数据具有多元时间序列数据的特点,自定义了数据分析算法,可根据飞行参数数据进行飞机的飞行动作识别和划分。

4. 用户交互层

用户交互层的主要功能是为用户提供良好的使用界面,并包含数据查询、数据分析、数据可视化等功能,并将航空信息直观地展示出来,提高航空飞行训练效率和管理效能,平台

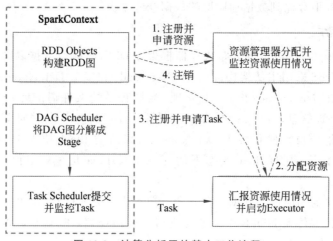

图 12.3　计算分析层的基本工作流程

的数据可以通过图表，直观展示出原始飞行数据和系统统计分析结果等。

信息查询模块主要实现对基础数据和分析数据查询，相关数据的上传下载，Web 应用，相关数据的可视化展示，应用 SparkSQL 实现数据查询功能，为用户提供了统一的数据源访问接口。

12.3.3　系统功能设计

依据航空飞行器各岗位人员对航空飞行器状态智能监控系统的需求，设计的系统功能组成如图 12.4 所示。系统功能主要包括数据导入、数据预处理、动力装置状态监控、飞行控制子系统状态监控、导航子系统状态监控、电气子系统状态监控和系统管理。

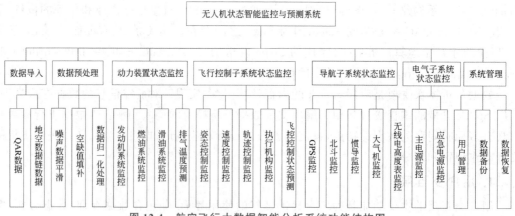

图 12.4　航空飞行大数据智能分析系统功能结构图

12.3.4　实验对比分析

为了测试航空飞行大数据智能分析系统的性能,本节将航空飞行大数据智能分析系统(IAS)与基于 SQL Server 的传统航空数据仓库(TDW)针对航空数据的计算与存储进行对照实验。

测试航空飞行大数据智能分析系统采用的实验集群由 1 台 master 节点和 8 台 slave 节点组成,集群的节点配置参见表 12.1 所示。

表 12.1　计算机节点配置

配　　置	配　置　参　数
服务器型号	戴尔易安信 PowerEdge R330
CPU	Xeon E3-1220 v5
网卡	EB-SFP10G599-SR2
内存	8GB
Hadoop 版本	Hadoop
Spark 版本	Spark 2.1
JDK 版本	JDK 1.7

实验数据采用某场站存储的飞行参数数据,数据量分别为 2.4MB、20MB、200MB、500MB、1000MB 和 2000MB,共 6 组数据,分别进行数据查找和数据预处理测试。

第一组实验测试使用同一条 SQL 语句查找符合条件的数据,实验次数为 6 次,查找时间取平均值,测试用 SQL 语句为"select type,count(*) as count from test group by type order by count desc;"。SQL 语句执行效率对比如图 12.5 所示。

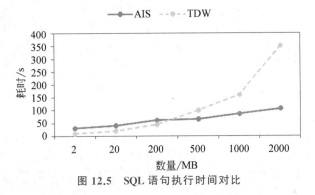

图 12.5　SQL 语句执行时间对比

第二组实验比较航空飞行大数据智能分析系统针对不同数量级的实验数据预处理的情况，采用插值法拟合空缺的数据，实验结果如图 12.6 所示。

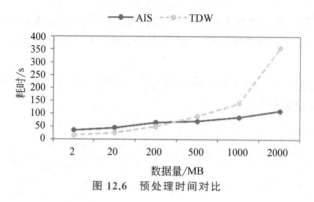

图 12.6　预处理时间对比

由实验结果可以看出，当数据量较小时，基于 SQL Server 的传统航空数据仓库数据处理速度优于基于 Spark 的航空飞行大数据智能分析系统，但是当数据量达到 500MB 时，基于 Spark 的航空飞行大数据智能分析系统更具优势。通过简要分析，基于 Spark 的航空飞行大数据智能分析系统在接收到数据处理任务时，需要进行初始化、节点通信、资源调度等，这些将耗费一定的时间和资源，由此可知，在数据量小时，大数据平台很多资源都浪费在系统资源开销上，效率反不如单机系统。但大数据在面对海量数据时的优势依旧明显。另外，大数据平台可以通过增加集群数量实现性能的扩展，更能适应航空数据量高速增长的需要。

12.4　本章小结

本章针对航空飞行大数据智能分析系统设计问题，分析了系统需求，从系统逻辑架构、技术架构和功能等层面设计了系统，为航空飞行器各岗位人员提供有效的数据支持。

参 考 文 献

本书参考文献比较多,请扫描如下二维码查看本书参考文献: